DEWESS/DEWESS · SUMMA SUMMARUM

DEWESS/DEWESS · SUMMA SUMMARUM

Summa summarum

Kostproben unterhaltsamer Mathematik

HERAUSGEGEBEN VON
MONIKA DEWESS UND GÜNTER DEWESS

2. AUFLAGE

MIT 78 ABBILDUNGEN

Springer Fachmedien Wiesbaden GmbH

MATHEMATISCHE SCHÜLERBÜCHEREI · Nr. 125

Autoren (bzw. Mitautoren) der einzelnen Kapitel:

Doz. Dr. Günter Deweß	1., 10.
Dr. Monika Deweß	2., 5., (10.)
Dipl.-Math. Beate Fiedler	(7.)
Dr. Bernd Jesiak	6., 11.
Dr. Anita Kripfganz	4., (8.)
Dr. Gabriele Laue	(11.)
Dr. Sabine Pickenhain	8.
Dr. Ralf Schulze	3., (9.)
Dr. Heinz Voigt	9., (2.)
Dr. Roland Werner	7., (3.), (5.)

Fotos: Sonja Bruchholz, Leipzig

Den Umschlag gestaltete Ernst Kretschmer, Leipzig.

Summa summarum : Kostproben unterhaltsamer
Mathematik / hrsg. von Monika Deweß u.
Günter Deweß. –
2. Aufl. – Leipzig : BSB Teubner, 1987. –
92 S. : 78 Abb.
(Mathematische Schülerbücherei ; 125)
NE : Deweß, Monika [Hrsg.] ; GT

ISBN 978-3-322-94553-2   ISBN 978-3-322-94552-5 (eBook)
DOI 10.1007/978-3-322-94552-5

Math. Sch. büch., Nr. 125
ISSN 0076 – 5449

2. Auflage
VLN 294-375/120/87 · LSV 1009
Lektor: Jürgen Weiß

Gesamtherstellung: INTERDRUCK, Graphischer Großbetrieb Leipzig,
Betrieb der ausgezeichneten Qualitätsarbeit, III/18/97
Bestell-Nr. 666 317 6
01500

Vorwort

Die meisten berühmten Mathematiker waren und sind auch heute noch Freunde unterhaltsamer Mathematik. Sie sind es, weil sie die Verbindung zwischen Spiel und Ernst in der Mathematik deutlich sehen, weil sie den Wert origineller Aufgaben für die Entwicklung des Denkens kennen und weil sie ganz einfach Spaß an dieser Seite der Mathematik finden. Außerhalb eines nur für Experten zugänglichen Formalismus liegt hier gemeinsamer Gesprächsstoff für alle Freunde der Mathematik vor, werden Leser unterschiedlicher mathematischer Bildung angesprochen.

An der Sektion Mathematik der Karl-Marx-Universität Leipzig wurde in den Jahren 1982/83 eine Reihe von Vorlesungen über „Unterhaltsame Mathematik" gehalten. Daraus entstand unser Buch. Zehn Autoren haben alte und neue Probleme verschiedenen Schwierigkeitsgrades ausgewählt, um beim Nachdenken vergnüglich zwischen gesundem Menschenverstand und mathematischen Spitzfindigkeiten hin und her zu wandern.

Verlag und Lektor haben unser Anliegen vorbildlich unterstützt, wir hatten beim Schreiben des Buches unseren Spaß; nun sind Sie damit beim Lesen dran.

Wollt ihr an einem reichhaltigen Leben teilhaben,
so füllt eure Köpfe mit Mathematik,
solange ihr dazu die Möglichkeit habt.
Sie wird euch
in eurer gesamten Arbeit große Hilfe leisten.

M. I. KALININ

MONIKA DEWESS UND GÜNTER DEWESS
Leipzig, März 1985

Inhalt

1. Raten, Beweisen, Wundern und Zaubern

Seite 7

2. ... und so weiter

Seite 18

3. Labyrinthe und Landkarten

Seite 25

4. Ich weiß, daß du mitdenkst

Seite 31

5. Ganzzahlig, aber nicht einfach

Seite 34

6. In der zwei-, drei- und vierdimensionalen Welt

Seite 41

7. Auf dem Parkett

Seite 46

8. Geometrie der Verformung

Seite 53

9. Wenn Mathematiker spielen

Seite 60

10. Fünfzehnerspiel und Zauberwürfel

Seite 67

11. Der kalkulierbare Zufall

Seite 77

Lösungshinweise

Seite 87

Literatur

Seite 90

Sachverzeichnis

Seite 91

1. Raten, Beweisen, Wundern und Zaubern

Wo die Mathematik anfängt

Auf ganz natürliche Weise, durch fortlaufendes Zählen von Gegenständen, kommt man zu den natürlichen Zahlen 1, 2, 3 ...[1]) Zu jeder gibt es genau eine nächstgrößere und auch (außer zur 1) genau eine nächstkleinere. Schwierig wird es erst, wenn über alle natürlichen Zahlen „auf einmal" gesprochen werden soll, denn dazu benötigt man Prinzipien, mit denen selbst manche angehenden Mathematikstudenten nicht gleich zurechtkommen. Wir fangen lieber mit drei sehr leichten Rätseln an.

Rätsel: Stephan wohnt in der Stadt Peano. Er hat kein Geld, aber einen Straßenbahnfahrschein. In Peano gilt folgende Regel: Ein entwerteter Fahrschein wird kostenlos gegen einen neuen umgetauscht. Wie oft kann Stephan Straßenbahn fahren?

Zusatzfragen: Wie oft kann er fahren, wenn er keinen Straßenbahnfahrschein besitzt, und wie oft, wenn er zwar einen hat, aber die Regel nicht gilt?

Rätsel: Sigrun steht vor einer endlosen Treppe aus riesigen Steinquadern. Das Mädchen ist groß genug, um auf die erste Stufe steigen zu können. Die weiteren Stufenhöhen erlauben es, daß Sigrun immer dann, wenn sie irgendwie eine Stufe erreicht hat, von dort aus bis zur nächsten klettern kann. Wie hoch kann Sigrun steigen?

Rätsel: Ein alter indischer Mathematiker sagte einmal, daß man als Mathematiker ein Freund der Zahlen sein muß. Unter seinen Freunden war die Zahl 1, und man konnte sicher sein: Falls eine Zahl n zu seinen Freunden zählte, dann bestimmt auch die nächstgrößere Zahl $n + 1$. Mit welchen natürlichen Zahlen war er befreundet?

---

[1]) Manchmal wird auch die 0 mit zu den natürlichen Zahlen gerechnet.

Denken Sie sich selbst solche Rätsel aus! In Abb. 1 sehen Sie ein gemeinsames Prinzip in Aktion. (Die Kette aus Schlüsselringen hat die Eigenschaft, daß nach Freigabe des obersten Ringes dieser in die nächste Etage abkippt, daraufhin von dort aus wieder einer in die nächste usw. – Ausprobieren! Freunden schenken!)

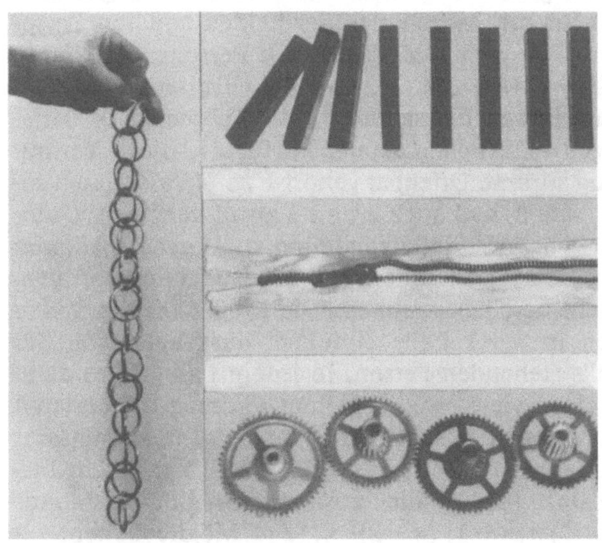

Abb. 1

Nach der geistigen Verarbeitung der beim Raten und Beobachten gesammelten Erfahrungen setzt die formale Seite der Mathematik ein – das Prinzip wird allgemein formuliert: *Eine Menge M gewisser natürlicher Zahlen enthalte die 1 und habe die Eigenschaft, daß, falls eine Zahl n zu M gehört, stets auch die nächstgrößere Zahl n + 1 zur Menge M gehört. Dann gehören alle natürlichen Zahlen zu der Menge M.*

Das ist das *Prinzip der vollständigen Induktion.* Beide Forderungen (die nach der 1 und die nach der Möglichkeit des Übergangs von jedem n zum nachfolgenden $n + 1$) sind gleichwertig, wie wir bei den Zusatzfragen zum ersten Rätsel gemerkt haben.

Ein solches Prinzip kann man nun formal (wie ein Rezept) anwenden, aber worauf und wie, das erfordert wieder Phantasie.

Beispiel: Wie viele verschiedene Möglichkeiten gibt es, k Personen in einer Reihe nebeneinander aufzustellen? Bei $k = 1$ offenbar eine, bei $k = 2$ genau zwei Möglichkeiten. Bei $k = 3$ gibt es bereits $3 \cdot 2$ Möglichkeiten: Diese können wir in Fälle einteilen, je nachdem, welche der 3 Personen ganz links steht. Dann gibt es in jedem Fall noch zwei Möglichkeiten für die Reihenfolge der beiden anderen Personen. Wir vermuten also: Bei k Personen existieren $k(k-1)(k-2) \cdot \ldots \cdot 2 \cdot 1$ Möglichkeiten.

Zum Beweis betrachten wir die Teilmenge M derjenigen natürlichen Zahlen k, für die diese Vermutung stimmt. Offenbar gehört 1 zu M (wir wissen sogar schon, daß auch 2 und 3 zu M gehören). Unter der *Annahme*, daß irgendein n zu M gehört, können wir die Möglichkeiten, $n + 1$ Personen anzuordnen, leicht herausbekommen: Die Möglichkeiten lassen sich in $n + 1$ Fälle einteilen, ausgehend von der links stehenden Person. In jedem Fall gibt es dann noch so viele Möglichkeiten, wie man die anderen n Personen anschließen kann; also nach unserer Annahme $n(n-1)(n-2) \cdot \ldots \cdot 2 \cdot 1$ Varianten. Insgesamt (alle Fälle zusammen) gibt es somit $(n+1)n(n-1)(n-2) \cdot \ldots \cdot 2 \cdot 1$ Möglichkeiten.

Folglich gehört auch $n + 1$ zu M, falls n zu M gehört. Nach dem Prinzip der vollständigen Induktion gehören damit alle natürlichen Zahlen zu M, und unsere Vermutung ist für alle natürlichen k richtig.

Übrigens nennt man jede Möglichkeit, k unterscheidbare Dinge in eine Reihenfolge zu bringen (eventuell durch Umordnen ausgehend von einer gegebenen Reihenfolge) eine *Permutation*. Für deren Anzahl sagt man kurz „k *Fakultät*" und schreibt $k! = k(k-1)(k-2) \cdot \ldots \cdot 2 \cdot 1$.

Die halbe Arbeit des Mathematikers ist das qualifizierte Raten – erst danach kann er etwas beweisen. Und selbst die Beweisidee muß erst erraten werden, ehe sie sich ausführen läßt [31].

Rätsel: Stephan nimmt im Dunkeln aus einem Beutel mit drei Sorten Socken einige heraus. Wie viele muß er entnehmen, damit er sicher ein Paar gleicher Socken dabei hat?

Rätsel: In einem Raum sind etwa 400 Personen versammelt. Gibt es unter ihnen wenigstens zwei, die am gleichen Tag Geburtstag feiern?

Rätsel: Sigrun sortiert mehr als k Gegenstände in einen Schrank mit k Schubfächern ein. Kann sie es so einrichten, daß sich in keinem Schubfach mehr als ein Gegenstand befindet?

Auch diese drei Rätsel lassen ein mathematisches Grundprinzip erkennen, das sogenannte *Schubfachprinzip: Teilt man mehr als k Objekte in k Klassen ein, so gibt es mindestens eine Klasse, die aus mehr als einem Objekt besteht.*

Die grundlegende Bedeutung dieses einfachen Prinzips hat zuerst der Mathematiker P. G. L. DIRICHLET (1805–1859) erkannt.

▲ Knobelaufgabe 1: Gibt es zur Zeit in Leipzig zwei Frauen, die die gleiche Anzahl Haare auf dem Kopf haben? (Hinweis: Niemand hat mehr als 120 000 Kopfhaare.)

Aussagen wie die beiden genannten Prinzipien werden zum formalen Ableiten weiterer Aussagen benutzt. Aber irgendwo muß man anfangen, und zwar mit Grundsätzen, die nicht formal abgeleitet sind, sondern deren Zweckmäßigkeit sich auf andere Weise erwiesen hat. Allerdings bemühen sich die Mathematiker, mit möglichst wenigen solchen „als richtig angenommenen" Grundprinzipien auszukommen. Schon das so einfache Schubfachprinzip kann formal bewiesen werden mit Hilfe des Prinzips der vollständigen Induktion. Dieses wiederum könnte man aus dem *Prinzip der kleinsten Zahl (in jeder nichtleeren Menge natürlicher Zahlen gibt es eine kleinste)* formal herleiten – und umgekehrt. Heute wird meist das Prinzip der vollständigen Induktion zugrundegelegt.

Die Geschichte von der Malerleiter

Die Geschichte handelt von einem kleinen Planetarium, dessen Grundriß im wesentlichen aus zwei

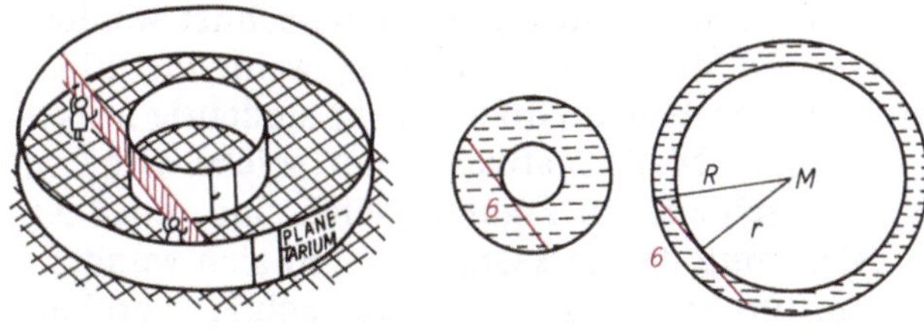

Abb. 2 a, b, c

Kreisen mit gleichem Mittelpunkt besteht (Abb. 2). Über dem inneren Kreis befindet sich das eigentliche Planetarium, über dem Ring zwischen den beiden Kreisen verläuft ein Gang mit Garderobenhaken. Von diesem Gang hat ein Maler die gesamte ebene Decke neu gestrichen. Er kommt nach Hause und ärgert sich etwas: Seine beiden Kinder haben ihn abgeholt, und da hat er vor Freude vergessen, die gestrichene Fläche zu vermessen – wie soll er nun die Rechnung ausschreiben?

Aber der kleine Stephan erinnert sich: „Als ich mit Sigrun die Leiter waagerecht weggetragen habe, da hat sie gerade so zwischen die Wände gepaßt." Sigrun weiß, daß die Leiter 6 Meter lang ist, und überlegt. Nach einiger Zeit ruft sie stolz: „Vati, du hast 28,3 m² Decke gestrichen!"

Kann das mit rechten Dingen zugehen, wo doch sehr verschiedenartige Grundrisse die „Malerleiterbedingung" erfüllen (Abb. 2b und 2c)? Überlegen Sie selbst!

Sigrun hat zwischen den Radien r des kleinen und R des großen Kreises nach dem Lehrsatz des PYTHAGORAS die Beziehung $r^2 = R^2 - 3^2$ m² festgestellt. Der Flächeninhalt des Kreisringes ergibt sich als Differenz zwischen großer und kleiner Kreisfläche[1]) und ist somit tatsächlich durch die Länge der Leiter eindeutig bestimmt:

$$\pi R^2 - \pi r^2 = \pi R^2 - \pi(R^2 - 9 \text{ m}^2) = \pi \cdot 9 \text{ m}^2 = 28,3 \text{ m}^2.$$

Daß das Ergebnis von r bzw. R unabhängig ist, verwundert uns, weil wir keinen entsprechenden Lehrsatz kennen. Aber wir wissen, daß Dreiecke, die in Grundseitenlänge und Höhe übereinstimmen, den

selben Flächeninhalt haben, obwohl sie doch auch sehr verschiedenartig aussehen können.

Zur Aufgabe von der Malerleiter gibt es eine analoge Geschichte in Raum: Wenn man durch eine Kugel ein zylindrisches Loch (mit einem Kugeldurchmesser als Achse) bohrt und die Länge des Loches mit l bezeichnet (Abb. 3a, 3b), dann ist das Volumen des Restkörpers (Kugel minus Zylinder minus zwei Kugelkappen) immer $\frac{1}{6} l^3 \cdot \pi$, unabhän-

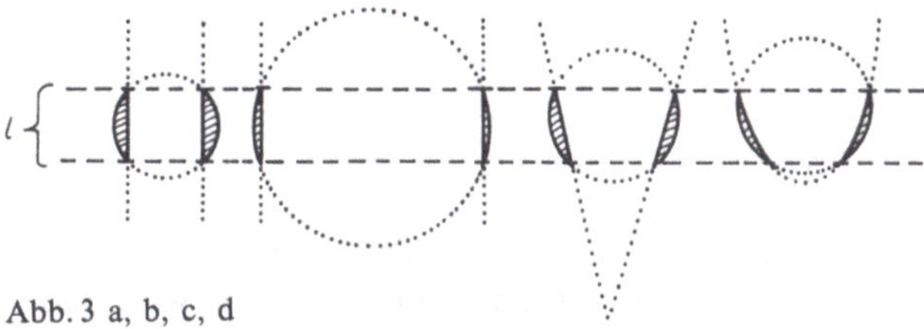

Abb. 3 a, b, c, d

gig von der Größe der Kugel! Dabei kann das Loch sowohl durch einen Zylinder als auch durch einen beliebigen Kreiskegel (Abb. 3c) oder ein beliebiges Rotationsparaboloid (Abb. 3d) erzeugt worden sein [11], [31].

Im nächsten Beispiel werden wir ebenfalls erst rechnen und uns dann wundern können.

Vom Wundern in der Mathematik

Vier Radarstationen A, B, C, D bilden ein Rechteck. Sie orten die Landekapsel L eines Raumschiffes, und zwar hat diese von A den Abstand $a = 60$ km, von B den Abstand $b = 90$ km, von D den Abstand $d = 20$ km. Welchen Abstand c hat sie von C?

Falls es möglich ist, dies auszurechnen, ohne die Größe des Rechtecks zu kennen, wäre das erstaunlich.

Wir setzen $\overline{AB} = \overline{CD} = r$, $\overline{BC} = \overline{AD} = s$ und führen weitere Bezeichnungen entsprechend Abb. 4 ein.

---

[1]) Ein Kreis mit Radius R hat den Flächeninhalt πR^2 mit der nichtperiodischen Dezimalzahl $\pi = 3{,}141\,592\,653\,58\ldots$

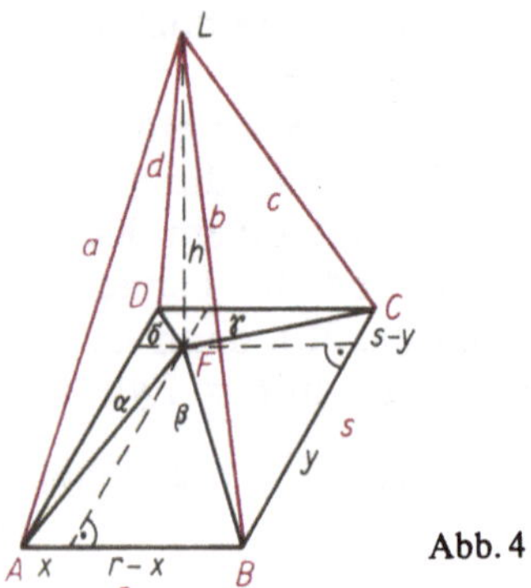

Abb. 4

Von A aus ist der Fußpunkt F (genau unter L in der Rechteckebene) durch x und y eindeutig festgelegt. F könnte auch außerhalb des Rechtecks liegen, aber selbst dann gilt in den entstandenen rechtwinkligen Dreiecken nach dem Satz des PYTHAGORAS

$$\alpha^2 = x^2 + y^2, \qquad a^2 = h^2 + \alpha^2,$$
$$\beta^2 = (r - x)^2 + y^2, \qquad b^2 = h^2 + \beta^2,$$
$$\gamma^2 = (r - x)^2 + (s - y)^2, \qquad c^2 = h^2 + \gamma^2,$$
$$\delta^2 = x^2 + (s - y)^2, \qquad d^2 = h^2 + \delta^2.$$

Bilden wir links die Summe der ersten und dritten Gleichung bzw. der zweiten und vierten, so sind die rechten Seiten der beiden Summengleichungen identisch, also gilt $\alpha^2 + \gamma^2 = \beta^2 + \delta^2$. Dies ist eine interessante Abstandsbeziehung für jeden Punkt F in der Rechteckebene. Die entsprechend aus den rechten vier Gleichungen gebildeten Summengleichungen besagen:

$$a^2 + c^2 = 2h^2 + \alpha^2 + \gamma^2; \quad b^2 + d^2 = 2h^2 + \beta^2 + \delta^2.$$

Infolge der eben gefundenen Abstandsbeziehung stimmen auch hier die beiden rechten Seiten überein, d. h., es gilt

$$a^2 + c^2 = b^2 + d^2,$$

woraus man $c = 70\,\text{km}$ berechnen kann. Die Aufgabe ist somit lösbar, ohne die Größe des Rechtecks zu kennen.

Unsere Erfahrung besagt: Legen gegebene Größen eine Figur eindeutig fest, dann kann eine gesuchte

Größe in dieser Figur eindeutig berechnet werden. Dagegen ist dies selten möglich, wenn die Figur durch die gegebenen Größen nicht eindeutig festgelegt ist. Der Mathematiker nennt solche Größen, die in verschiedenen Figuren gleich sind, *Invarianten*. Man muß aufmerksam sein und sich wundern können, um an Invarianten nicht achtlos vorüberzugehen, also an Gesetzmäßigkeiten wie unserer Beziehung $a^2 + c^2 = b^2 + d^2$ für beliebige Rechtecke und jeden Punkt L im dreidimensionalen Raum (im Spezialfall $L = F$ folgt die Abstandsbeziehung $\alpha^2 + \gamma^2 = \beta^2 + \delta^2$; natürlich darf L auch auf der „anderen" Seite des Rechtecks liegen, in unserem Beispiel ein „unterirdischer" Punkt sein [13]). Wem jedoch diese Gesetzmäßigkeit geläufig ist, der wundert sich nicht mehr, daß man c berechnen kann. Anschaulich wird alles klar, wenn wir uns ein mechanisches Modell (Abb. 5) bauen. Nun „sehen" wir, daß bei Veränderung der Rechteckproportionen die vier zur Spitze L führenden Kanten ihren Zusammenhalt behalten, also jede Kantenlänge schon durch die anderen drei bestimmt ist.

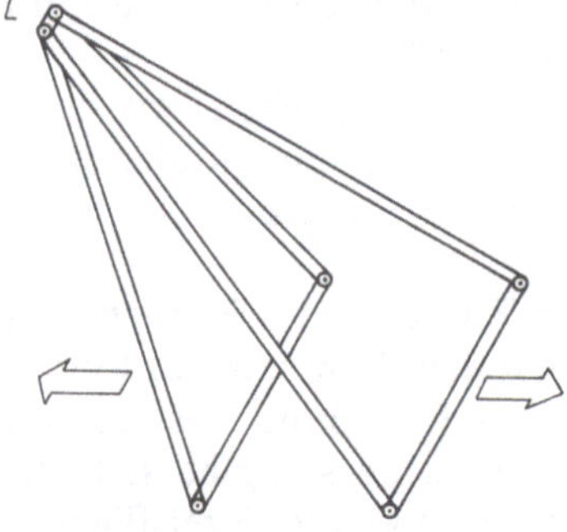

Abb. 5

Gelehrte der verschiedensten Epochen haben darauf hingewiesen, daß es in der Wissenschaft unter anderem auf zweierlei ankommt: Erstens sich zu wundern, wenn etwas anders verläuft als erwartet, und zweitens den Sachverhalt dann solange zu untersuchen, bis man sich nicht mehr wundern muß. Bereits zum ersten Schritt braucht man Erfahrungen und Wissen.

Eine *Helix* ist eine zusammenhängende Kurve auf der Mantelfläche eines Zylinders, die von der Grundfläche zur Deckfläche verläuft und dabei jede Mantellinie im gleichen Winkel schneidet (Abb. 6).

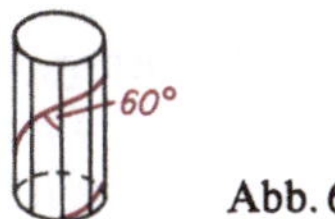

Abb. 6

Sigrun soll die Länge einer Helix ermitteln, die auf einem 35 cm hohen geraden Kreiszylinder mit dem Schnittwinkel 60° verläuft.

Sie wundert sich, daß über den Durchmesser d des Zylinders nichts gesagt ist, aber vielleicht hängt die gesuchte Länge l gar nicht von d ab? Dann könnte man ein d wählen, bei dem sich l besonders gut berechnen läßt. Sigrun stellt sich zunächst Zylinder mit sehr, sehr großem Durchmesser vor, deren Krümmung kaum noch zu spüren ist. Im Grenzfall hätte solch ein Zylinder unendlich großen Durchmesser, die Krümmung Null, und die Helix auf ihm wäre eine Gerade (Abb. 7). Das rechtwinklige Dreieck XYZ wäre dann die Hälfte eines gleichseitigen Dreiecks (wegen des 60°-Winkels). Also ist hier $l = 2 \cdot 35\ \text{cm} = 70\ \text{cm}$.

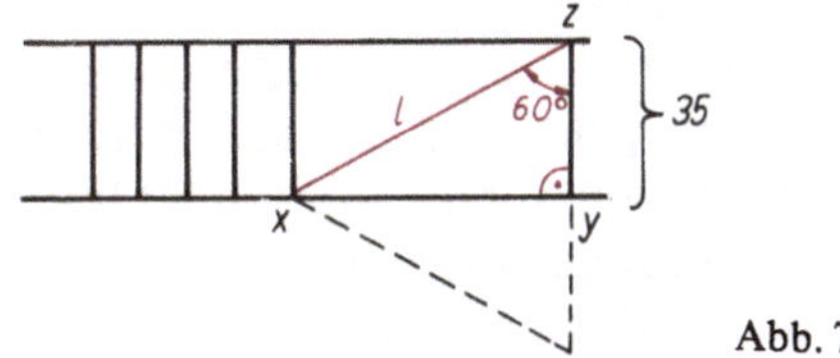

Abb. 7

Ob das wohl auch für „normale" Zylinder gilt? Sigrun schneidet einfach das Dreieck XYZ aus und denkt es sich auf den Zylinder aufgewickelt. Auf diese Weise entsteht die Helix. Damit ist die Aufgabe wirklich gelöst, sogar für Zylinder über anderen Grundflächen.

Nun stellt Sigrun selbst eine Aufgabe, und Stephan soll sie lösen: Auf einem Teich schwimmt ein Kahn mit einem Stein an Bord. Der Stein wird ins Wasser geworfen. Steigt oder fällt daraufhin der Wasserspiegel des Teiches?

Auch Stephan kennt die Methode, durch „Übertreibung", durch sinnvolle Grenzbetrachtung, zur richtigen Vermutung und vielleicht zur Beweisidee zu kommen. Er stellt sich einen Stein vor, der winzig klein und trotzdem ungeheuer schwer ist. Wird dieser in die Luft geworfen, drückt der Kahn viel weniger ins Wasser, und der Wasserspiegel sinkt! Daran ändert sich auch nichts, wenn der winzige Stein dann ins Wasser fällt. Damit ist das Wesen der Aufgabe klar erkannt (Abb. 8).

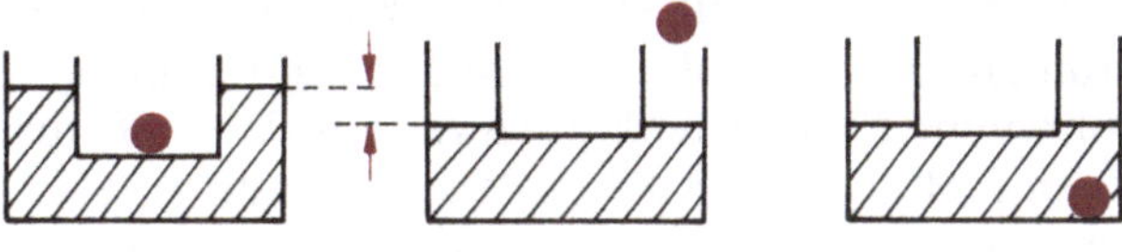

Abb. 8

Für „normale" Steine (sie müssen nur ein größeres spezifisches Gewicht als Wasser haben) gilt nach dem „Archimedischen Prinzip": Im Kahn schwimmend verdrängt der Stein soviel Wasser, wie er wiegt. Auf dem Teichboden liegend verdrängt er nur soviel Wasser, wie sein Volumen ausmacht.

Erkennen der Invariante spart Rechnung

In vielen Büchern und Zeitschriften findet man folgende Aufgabe, nicht selten recht umständlich gelöst: Gegeben sind ein Gefäß M mit Milch, ein Gefäß K mit Kaffee und ein Löffel. Aus M wird ein Löffel voll entnommen und in K gegeben. Vom dort entstehenden Gemisch wird ein Löffel voll entnommen und in M gegeben. Ist danach mehr Kaffee in M oder mehr Milch in K?

Natürlich kann man die unbekannten Anfangsmengen m bzw. k nennen, das Fassungsvermögen des Löffels mit l bezeichnen und dann sofort rechnen. Aber wir empfehlen, erst einmal einige übersichtliche Grenzfälle zu durchdenken; bei Bedarf setze man gutes Umrühren voraus.

Grenzfall 1: $l = m$ und $k = 0$. Endergebnis: In beiden Gefäßen keine – also gleichviel – „fremde" Flüssigkeit.

Grenzfall 2: $l = 0$. Gleiches Endergebnis.

Grenzfall 3: $l = m$ und k unendlich groß: Am Ende in beiden Gefäßen l – also gleichviel – „fremde" Flüssigkeit.

Grenzfall 4: $l = m = k$ …

Oft bewährt sich bei unübersichtlichen Aufgaben die Methode, sich einen „stetigen" Vorgang zerlegt in „Portionen" vorzustellen: In zwei Nachbarorten befinden sich ein Wohnheim M für Maurer und ein Wohnheim K für Krankenschwestern. Von M aus fahren l Maurer nach K und anschließend l Personen von dort nach M. Sind danach mehr Krankenschwestern in M oder mehr Maurer in K?

Schließlich erkennt man die entscheidende Invariante und kann so die Aufgabe exakt ohne jede Rechnung lösen: Die Gesamtmasse bzw. -anzahl ist in M am Ende dieselbe wie am Anfang. Falls sich also am Ende etwas in M befindet, was aus K stammt, dann ist entsprechend viel aus M in K geblieben. („Umrühren" bzw. gleichmäßiges Verteilen der Maurer im Krankenschwesternwohnheim ist nicht notwendig.)

Mathematische Zauberei: Verheimlichen von Invarianten

Bei jenen Zauberkunststücken, die auf mathematischen Prinzipien beruhen, wird meist eine Invariante ausgenutzt, von der die Zuschauer nichts wissen.

Ein einfaches Beispiel: Man schreibt eine gewisse Zahl auf eine Karte und übergibt sie im Umschlag den Zuschauern. Dann bittet man jemanden, eine dreistellige Zahl x an die Tafel zu schreiben, deren äußere Ziffern sich mindestens um 2 unterscheiden. Durch Vertauschen der äußeren Ziffern soll er daraus die Zahl x' bilden und danach die kleinere

der beiden Zahlen x, x' von der größeren subtrahieren. Die Differenz nennen wir y. Durch erneutes Vertauschen der äußeren Ziffern entsteht daraus y', und schließlich bildet man die Summe $y + y'$. Zur Verblüffung aller war diese Summe aber bereits zu Beginn auf die Karte geschrieben worden!

Unsere heimliche Invariante ist hier die Zahl 1089, und zwar aus folgendem Grunde: Für beliebige Ziffern a, b, c, das heißt $x = 100a + 10b + c$, ist $x - x' = 99(a - c)$, $x' - x = 99(c - a)$, also y durch 99 teilbar. Weil a und c sich um mindestens 2 unterscheiden sollten, ist y dreistellig; folglich gilt $y = 100d + 10e + f = 99d + (d + 10e + f)$ mit gewissen Ziffern d, e, f. Da y durch 99 teilbar ist, muß $(d + 10e + f) = 99$ sein, woraus man $e = 9$ und $d + f = 9$ erhält. Dann ist stets $y + y' = 101d + 20e + 101f = 101(d + f) + 20e = 101 \cdot 9 + 20 \cdot 9 = 1089$.

Stephan als Gedächtniskünstler

Stephan behauptet, von einem Buch das erste Wort auf jeder Seite auswendig zu wissen. Er gibt den Zuschauern einen Block mit zehn Zetteln und läßt folgendermaßen eine Seitenzahl ermitteln.

Erster Zuschauer: beliebige ganze Zahl zwischen 1 und 100 aufschreiben, Block weitergeben.

Weitergabevorschrift für die anderen Zuschauer (ein Helfer geht mit und paßt auf, daß alle richtig rechnen): Blatt abreißen, von allen Ziffern die Quadrate bilden und die Summe dieser Quadrate auf den Block schreiben, Block weitergeben. Ausnahme: Wer die Zahl 1 vorfindet, bitte die 2 auf den Block schreiben (denn wegen $1^2 = 1$, $1^2 = 1$, … wäre das Spiel sonst langweilig).

Der letzte Zuschauer ruft laut die auf dem Block stehende Zahl; sofort nennt Stephan das erste Wort der entsprechenden Seite.

Das Geheimnis wird in Abb. 9 gelüftet. Man findet hier jede Zahl von 1 bis 100 und (immer in Pfeilrichtung) den jeweiligen Rechengang. Nach spätestens 10 Schritten erhält man eine der acht roten Zahlen – nur von diesen acht Seiten muß Stephan das erste Wort kennen.

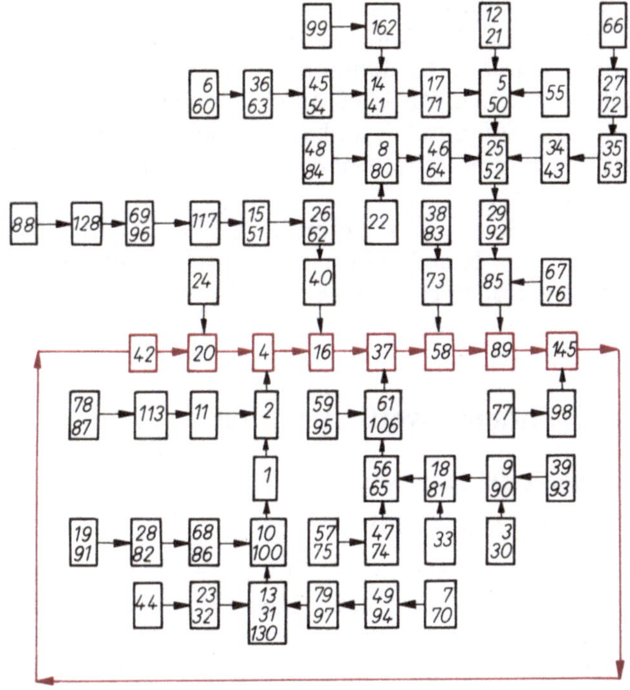

Abb. 9

rung endet, gibt er laut bekannt, und Sigrun nennt sofort das erste Wort der entsprechenden Seite.

▲ Knobelaufgabe 2: Worauf beruht dieses Kunststück (Sigrun braucht nämlich kein besseres Gedächtnis als Stephan)?

Bemerkung: Abb. 9 und 10 kann man für ein kleines Wettspiel benutzen: Wer tippt in kürzester Zeit die Zahlen 1 bis 100 in richtiger Reihenfolge an? Als zusätzliche Schwierigkeit fehlen bei der Zahlenblume allerdings genau alle durch 9, 11 oder 13 teilbaren Zahlen.

In [36] wird bewiesen, daß man mit zusätzlichen Schritten sogar von beliebigstelligen Zahlen aus letztlich immer in diesen „roten" Zyklus einmündet.

Sigrun als Gedächtniskünstler

Auch Sigrun verspricht, das erste Wort jeder Seite eines Buches angeben zu können. Sie läßt die Seitenzahl mit Hilfe der Zahlenblume (Abb. 10) ermitteln.

Ein Zuschauer darf eine beliebige Zahl *a* zwischen 30 und 40 wählen. Dann würfelt er, sucht die „Wurzel" mit der entsprechenden Augenzahl und zählt zunächst *a* Felder vorwärts (zum Kopf der Blume hin, später entgegen der Uhrzeigerrichtung). Anschließend beginnt er mit dem eben erreichten Feld und zählt im Blumenkopf *a* Felder rückwärts (in Uhrzeigerrichtung). Die Zahl, mit der seine Wande-

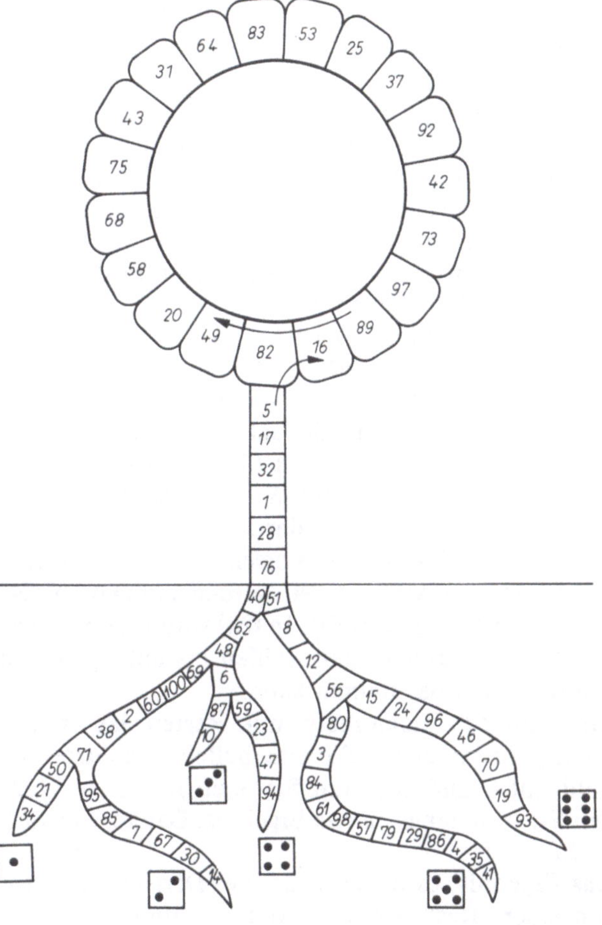

Abb. 10

Wir erraten das Alter

Die meisten Methoden zum Erraten einer Zahl x laufen folgendermaßen ab: Mit x beginnend wird eine Reihe von Rechenoperationen durchgeführt, das Ergebnis wird genannt, und aus ihm kann man bei Kenntnis des „Geheimnisses" x eindeutig ermitteln ([2], [24], [32]). Im nächsten Beispiel ergibt sich zwar für mehrere Altersangaben x das gleiche Ergebnis, aber bei Kenntnis der Person ermitteln wir x trotzdem exakt:

„Dividieren Sie Ihr Alter durch 3, und nennen Sie mir den Rest der Division. Nun dividieren Sie Ihr Alter durch 4 und nennen den Rest. Danke. Sie sind … Jahre alt."

Wie das gemacht wird? Mit x bezeichnen wir das unbekannte Alter, mit r bzw. s die Reste bei Division durch 3 bzw. 4. Für gewisse a, b gilt also $x = 3a + r$ bzw. $x = 4b + s$. Löst man diese Gleichungen nach r und s auf, $r = x - 3a$, $s = x - 4b$, dann erhält man mit der „Geheimvorschrift"
$S = 4r + 9s$ die Gleichung
$$S = 4r + 9s = 4(x - 3a) + 9(x - 4b)$$
$$= x + 12x - 12a - 36b.$$
Also unterscheidet sich x von dem heimlich berechneten S nur um Vielfache von 12, und auf 12 Jahre genau läßt sich das Alter schätzen!

Beispiel: $r = 2$, $s = 1$, also $S = 17$. Dann ist $x = 5$ oder 17 oder 29 oder 41 oder …

Finden Sie selbst solche Vorschriften (die Zahlen, durch die zu dividieren ist, werden zweckmäßigerweise teilerfremd gewählt). In [24] wird beschrieben, wie man aus drei Resten Zahlen bis auf Vielfache von 60 genau bestimmen kann.

Ein anderes Trickprinzip mit Resten lautet wie folgt: „Multiplizieren Sie eine beliebige achtstellige Zahl mit 8 und addieren Sie dazu Ihr Alter. Nennen Sie bitte langsam das Ergebnis. Danke. Sie sind … Jahre alt."

Das Ergebnis, es heiße S, hat bei Division durch 8 denselben Rest wie das Alter x, und auch auf 8 Jahre genau kann man normalerweise schätzen.

Zur Ermittlung des Rests von S bei Division durch 8 genügt es, die Zahl aus den letzten drei Ziffern von S durch 8 zu dividieren (da 1 000 und somit alle Vielfachen von 1 000 durch 8 teilbar sind). Weil 400 bzw. 800 durch 8 teilbar sind, kann man die erste dieser drei Ziffern noch eventuell um 4 oder 8 vermindern.

Beispiel: $S = \ldots 914$; vermindert 114; 11 dividiert durch 8 gibt Rest 3; 34 dividiert durch 8 gibt Rest 2; also $x = 2$ oder 10 oder 18 oder 26 oder …

Miß Phoenix weiß es vorher

An der Tafel lesen wir eine siebzehnstellige Zahl

$P = 52\,631\,578\,947\,368\,421.$

Daneben steht Sigrun als „Miß Phoenix" mit einem geschlossenen Papierband über der Schulter. Stephan läßt einen Zuschauer dreimal würfeln und die Summe der Augenzahlen ermitteln (sie heiße a). Dann muß dieser Zuschauer das Produkt $P \cdot a$ ausrechnen. Miß Phoenix hat das Ergebnis aber bereits „vorausgesehen": Sie schneidet ihr Papierband durch, und auf diesem läßt sich das richtige Produkt ablesen!

Dieses Kunststück beruht darauf, daß eine sogenannte *Phoenixzahl* auf dem Papierband steht, P mit einer Null davor: $052\,631\,578\,947\,368\,421$. Wo kommt diese Zahl her?

Denken wir uns die Divisionsaufgabe $1 : 19$ ausgeführt:

$$1 : 19 = 0{,}\underbrace{052 \ldots 421}_{18\text{ Ziffern}}\underbrace{052 \ldots 421}_{18\text{ Ziffern}} \ldots$$

$$
\begin{array}{r}
00 \\
\underline{95} \\
50 \\
\underline{38} \\
12 \\
\ldots
\end{array}
$$

Der letzte angegebene Rest ist 12, und mit diesem müßte man weiterrechnen. Bei Division durch 19 können nur die Reste 0 bis 18 auftreten. Nach spätestens 19 Schritten muß also (Schubfachprinzip!) ein Rest zum zweiten Mal auftreten, so daß sich die

Rechnung periodisch wiederholt. Bei $1:19$ tritt das nach genau 18 Schritten ein; *alle Reste außer 0 sind* dann *genau einmal vorgekommen.* Berechnet man mit einem a zwischen 1 und 18 den Dezimalbruch $a:19$, so ist die Rechnung dieselbe, als würde man bei $1:19$ an jener Stelle anfangen, wo a als Rest auftrat. $a:19$ liefert folglich dieselbe periodische Ziffernfolge wie $1:19$, und diese Folge steht auch auf dem Papierband; man muß es nur noch an der richtigen Stelle aufschneiden.

Unsere Phoenixzahl endet auf 21. Sigrun rechnet nach dem Würfeln $21 \cdot a$ im Kopf aus, d. h. $20 \cdot a + a$. Die letzten beiden Ziffern dieses Ergebnisses sind die letzten beiden Ziffern von $P \cdot a$, so daß sie nach diesen das Band aufschneiden kann.

Beispiel: $a = 13$; $21 \cdot 13 = 273$; Band nach 73 aufschneiden.

Um den Trick interessant vorzuführen, läßt Stephan solange würfeln, bis die Augensumme erstmals größer als 10 ist.

Über Phoenixzahlen kann man in den Büchern [2], [24], [36] nachlesen. Aus letzterem stammt auch die Anregung zu unserem Zauberkunststück (dort ist es mit der aus $1:7$ hervorgehenden Phoenixzahl 142 857 erklärt, und vermutlich gibt es unendlich viele Phoenixzahlen; genau ist das aber noch nicht bekannt).

Die fünf gewählten Zahlen werden addiert, und dasselbe wird anschließend mit dem anderen Mitspieler wiederholt. Wie stark werden die Ergebnisse wohl voneinander abweichen?

	1	7	14	4	11
1	2	8	15	5	12
5	6	12	19	9	16
13	14	20	27	17	24
8	9	15	22	12	19
2	3	9	16	6	13

Abb. 11

Beide erhalten als Summe 66. In jedem Feld der Tabelle steht nämlich die Summe aus der roten Zeilenanzahl und der roten Spaltenzahl; die Gesamtsumme ist also stets gleich der Summe aller zehn roten Zahlen, d. h. gleich 66. Indem man passende rote Zahlen vorgibt, lassen sich leicht Tabellen mit jeder gewünschten Summe aufbauen, beispielsweise mit dem Alter einer Person, der man diese Tabelle (natürlich ohne die roten Zahlen) dann zum Geburtstag schenkt [11].

Ähnliche Tabellen treten übrigens auch auf, wenn in der mathematischen Optimierung Transportpläne mit möglichst niedrigen Gesamtkosten erstellt werden.

Ein Eignungstest für Pärchen

Mit Hilfe einer Tabelle von 5×5 Feldern (Abb. 11 ohne die roten Zahlen) verspricht Stephan zu prüfen, ob zwei Mitspieler aus dem Publikum wirklich gut zueinander passen. Während er den einen kurz nach draußen schickt, soll der andere inzwischen fünf Zahlen aus der Tabelle auswählen, aber aus jeder Zeile und jeder Spalte nur eine. Stephan weist darauf hin, daß es dafür 120 Möglichkeiten gibt[1]).

Eine kleine Sensation

Als Abschluß eines mathematischen Zauberprogramms eignet sich ein Kunststück, das bei guter Vorführung wirklich unglaublich erscheint. Wir wollen es mit den vier Farben Eichel (E), Grün (G), Rot (R), Schellen (S) eines Skatspiels (32 Karten) beschreiben. Noch geheimnisvoller wirkt es allerdings mit speziellen Karten, die fünf Symbole enthalten und für Gedächtniskunststücke häufig verwendet werden [33].

Sigrun betritt die Bühne mit einem Skatspiel, das sie in zwei Stößen links und rechts auf dem Tisch ablegt. Die Zuschauer dürfen nun beim Mischen mithelfen, indem sie z. B. rufen „zwei Karten von

---

[1]) Jede Möglichkeit kann durch eine Anordnung der Ziffern 1, 2, 3, 4, 5 dargestellt werden, z.B. bedeutet 3, 4, 1, 2, 5 die dritte Zahl der ersten Zeile, vierte Zahl der zweiten Zeile usw. Wir hatten uns überlegt, daß es $5 \cdot 4 \cdot 3 \cdot 2 \cdot 1 = 120$ Möglichkeiten gibt, fünf Dinge in einer Reihe aufzustellen.

links", „drei Karten von rechts" usw., bis in der Mitte ein völlig vermischter Stoß entstanden ist. Sigrun zählt die Karten stets einzeln von den Stößen ab, ohne sie umzudrehen. Nun teilt sie an acht Zuschauer je vier Karten aus mit der Bitte, sich jeweils die erste zu merken. Falls ein Zuschauer eine Kartenfarbe mehrfach hat, soll er eine dieser Karten verdeckt ablegen. Falls er aber alle vier Farben hat, soll er die erste Karte ablegen. Danach nennt Sigrun der Reihe nach die Farben der abgelegten Karten aller acht Mitspieler! Bei jedem wird das kontrolliert (Hochhalten der abgelegten und der anderen drei Karten) – es stimmt immer.

Sigruns erstes Geheimnis ist es, wie die beiden Stöße I und II zu Beginn gelegt waren. Bei I legt sie mit der Bildseite nach unten die Farben in der Reihenfolge S-E-R-G usw., bei II S-G-R-E usw. Durch das einzelne Abheben beim Mischen kehren sich diese Reihenfolgen um, und außerdem „verzahnen"

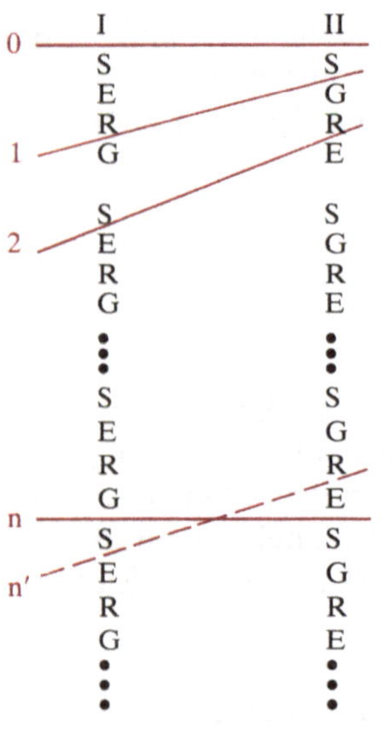

Abb. 12

sich I und II (Abb. 12): Der erste Mitspieler erhält k_1 Karten von I ($k_1 = 0$ oder 1 oder 2 oder 3 oder 4) und $4 - k_1$ Karten von II. Wir haben im Beispiel den Fall $k_1 = 3$ durch eine rote Linie 1 eingezeich-

net. Der erste Mitspieler bekommt demnach die 4 Karten zwischen den roten Linien 0 und 1. Entsprechend erhält der zweite Mitspieler die 4 Karten zwischen den roten Linien 1 und 2 (in der Abb. $k_2 = 2$ Karten von I, $4 - k_2 = 2$ Karten von II) usw. Wir gehen nun alle Möglichkeiten für den ersten Mitspieler durch:

$k_1 = 0$: erhält nur Karten von II, S-G-R-E, legt S als die erste Karte ab (Sigrun zählt die Karten einzeln vom Mischstapel ab),

$k_1 = 1$: S von I und S-G-R von II, S doppelt, legt S ab,

$k_1 = 2$: S-E von I und S-G von II, legt S ab,

$k_1 = 3$: S-E-R von I und S von II, legt S ab,

$k_1 = 4$: S-E-R-G von I, legt S als erste Karte ab.

Nach der in der Mathematik üblichen Beweismethode „vollständige Fallunterscheidung" ist somit klar, und Sigrun sagt das laut: Der erste Mitspieler hat S abgelegt.

Beim Kontrollieren achtet Sigrun nur auf die drei nicht abgelegten Karten, denn bei diesen fehlt stets g e n a u eine Farbe (man prüfe das selbst für jeden Wert von k_1 nach!). Jene fehlende Farbe sagt Sigrun beim nächsten Mitspieler als die Farbe der abgelegten Karte voraus, und so weiter. Wir wollen nun beweisen, daß dies auch bei beliebig vielen Mitspielern möglich ist, und wenden dabei das Prinzip der vollständigen Induktion an. Der Anfangsschritt (erster Mitspieler) ist bereits getan. Angenommen, bis zum n-ten Mitspieler klappt alles, dann hat der nächste Mitspieler die 4 Karten zwischen den roten Linien n und $n + 1$.

Fall 1: Die rote n-Linie läuft in I zwischen G und S. Da über ihr eine durch 4 teilbare Zahl von Karten liegt, muß sie in II, bei irgendeinem Viererblock, zwischen E und S verlaufen (Abb. 12). Unter den drei Restkarten des n-ten Spielers kann S dann nicht sein. Der n-te Spieler kann überhaupt nur S erhalten haben, wenn seine 4 Karten oberhalb der n-Linie alle aus demselben Stoß kamen; dann wurde S auch als erste Karte abgelegt. Nach Induktionsannahme sind beim n-ten Spieler die drei Restkarten von unterschiedlicher Farbe – Sigrun sagt für den Spieler $n + 1$ also eindeutig S voraus.

Und das ist richtig, denn die Situation nach der n-Linie entspricht genau jener nach der 0-Linie, dort aber war S richtig als Voraussage für den ersten Spieler. Entsprechend sind damit auch die Restkarten des $(n + 1)$-ten Spielers von unterschiedlicher Farbe.

Fall 2: Die rote n-Linie verläuft in I zwischen S und E, folglich in II irgendwo zwischen R und E. In Abb. 12 ist dies als Linie n' eingezeichnet. Wir „übersetzen" nun den Fall 2 nach folgendem „Wörterbuch" in eine andere Sprache:
$E \leftrightarrow S'$, $R \leftrightarrow E'$, $G \leftrightarrow R'$, $S \leftrightarrow G'$.

Dann steht in I nach der Linie n' also S', E', R', G', in II hingegen S', G', R', E'. In der neuen Sprache ist die Situation um die Linie n' genau dieselbe wie in der alten Sprache im Fall 1 um die Linie n! Es wird S' vorausgesagt, und das ist richtig; die drei Restkarten des Spielers $n + 1$ sind von unterschiedlicher Farbe. Statt S' sagt Sigrun E (Verwendung der ursprünglichen Sprache), denn die Übersetzung war nur ein Hilfsmittel für unseren Beweis.

Fall 3: Rote n-Linie in I zwischen E und R.

Fall 4: Rote n-Linie in I zwischen R und G.

Die Fälle 3 und 4 lassen sich mit etwas anderen „Wörterbüchern" ebenso auf Fall 1 zurückführen, wie eben für Fall 2 erläutert.

Weil unter der Annahme, daß bis zum n-ten Spieler alles klappt, auch für den $(n + 1)$-ten Spieler die richtige Voraussage kommt, ist (zusammen mit dem Anfangsschritt für den ersten Mitspieler) nach dem Prinzip der vollständigen Induktion bewiesen, daß dieses Kunststück mit beliebig vielen Mitspielern möglich ist, solange die Karten reichen.

Die Möglichkeit, Begriffe unter Beibehaltung aller ihrer Struktureigenschaften eindeutig in eine andere Sprache zu übersetzen und bei Bedarf wieder zurück, spielt übrigens in der Mathematik eine wichtige Rolle (*Isomorphie*). Manchmal darf die zweite Sprache sogar „ärmer" sein, d. h. für mehrere Begriffe der ersten Sprache dasselbe Wort setzen (*Homomorphie*). Das wird beispielsweise benutzt, ordnet man verschiedenen Zahlen, die bei Division durch 12 denselben Rest haben, in der zweiten Sprache diesen Rest zu (vgl. Abschnitt „Wir erraten das Alter").

2. … und so weiter

Achilles und die Schildkröte

Kann Achilles, der tapfere Krieger im Kampf um Troja, eine Schildkröte einholen, wenn diese einen Vorsprung von 1 km hat und Achilles zehnmal so schnell wie die Schildkröte läuft?

Nach einem berühmten Gedankenexperiment des Griechen ZENON VON ELEA (490?–430? v.u.Z.) kann er das nicht. ZENON begründete das so: Hat Achilles 1 km zurückgelegt, ist die Schildkröte inzwischen 100 m weitergekrochen. Ist nun Achilles 100 m weitergelaufen, so ist die Schildkröte aber auch weitergekommen und zwar 10 m. Hat Achilles diese 10 m zurückgelegt, dann hat die Schildkröte immer noch einen Vorsprung von 1 m; usw. Der Vorsprung der Schildkröte wird zwar immer kleiner, aber Vorsprung bleibt Vorsprung. Achilles holt die Schildkröte also nie ein.

Unsere Erfahrung spricht jedoch gegen diesen Schluß. Wo ist z.B. die Schildkröte geblieben, wenn Achilles 2 km zurückgelegt hat? 200 m ist sie inzwischen weitergekrochen, d. h., Achilles hat die Schildkröte überholt. Es hat folglich einen Punkt gegeben, bei dem er sie eingeholt hatte. x sei jene Strecke, die Achilles zurücklegt, bis er die Schildkröte einholt. Die Schildkröte, die einen Vorsprung von 1 km gehabt hatte, legte in der Zwischenzeit einen Weg von $\frac{x}{10}$ zurück. Wir können also die Gleichung $1 + \frac{x}{10} = x$ aufstellen. Aus ihr folgt $x = \frac{10}{9}$, d. h., nach 1,111… km holt Achilles die Schildkröte ein.

Achilles kann nicht laufen

Nach einem ähnlichen Gedankenexperiment ZE-NONS hätte Achilles jedoch gar nicht erst einen Kilometer zurücklegen können. ZENONS „Beweis“: Erst müßte Achilles die Hälfte der Strecke laufen, dann die Hälfte der zweiten Hälfte, d. h. ein Viertel, dann wieder die Hälfte des letzten Viertels, also ein Achtel, usw. Jedesmal müßte er die Hälfte des verbliebenen Restes erst durchlaufen. Achilles hätte also immer noch eine bestimmte Strecke zurückzulegen. Er käme somit nie an.

Spinnen wir diesen Schluß weiter, kommt Achilles gar nicht erst vom Start weg, sondern muß stehenbleiben. Er könnte nämlich mit derselben „Begründung“ gar nicht erst einen halben Kilometer zurücklegen, usw.

Achilles läuft doch

Wir wollen eine Strecke der Länge 1 zurücklegen. Nach ZENONS Überlegung haben wir insgesamt eine Strecke folgender Länge zu bewältigen:

$$\frac{1}{2} + \frac{1}{4} + \frac{1}{8} + \frac{1}{16} + \dots \text{ bzw.}$$

$$\frac{1}{2} + \left(\frac{1}{2}\right)^2 + \left(\frac{1}{2}\right)^3 + \left(\frac{1}{2}\right)^4 + \dots$$

Das ist eine sogenannte *geometrische Reihe* mit dem Faktor $\frac{1}{2}$. Die hinzukommenden Summanden werden immer kleiner und sogar so klein, daß die Summe irgendwelcher Summanden dieser Reihe, auch wenn es noch so viele sind, immer kleiner als 1 ist. Nehmen wir andererseits eine beliebige Zahl her, die kleiner als 1 ist, so können wir immer so viele Summanden finden, daß deren Summe dennoch größer als diese Zahl ist. Wir können also den Unterschied zwischen 1 und einer Teilsumme beliebig klein, d.h. fast zu Null werden lassen, wenn wir nur genügend viele Summanden zu einer Teilsumme zusammenfassen.

Ist q eine Zahl mit der Eigenschaft $0 \leqq q < 1$, so hat allgemein eine geometrische Reihe der Gestalt
$$1 + q + q^2 + q^3 + \dots$$
die Summe $\dfrac{1}{1-q}$. Mathematisch exakt erfaßt wird dieser Sachverhalt mit Hilfe des Grenzwertbegriffes, den wir hier aber nicht näher erklären wollen. Wir überlegen uns nur folgendes:

Es sei $s_n = 1 + q + q^2 + \dots + q^n$. Dann ist $q \cdot s_n = s_n - 1 + q^{n+1}$, und daraus folgern wir $s_n = \dfrac{1 - q^{n+1}}{1-q}$.

Gilt nun $0 \leqq q < 1$, so nähert sich q^{n+1} beliebig nahe der Null an. Der *Grenzwert* der Folge $1, q, q^2, q^3, \dots$ ist in diesem Falle 0. Die Folge $s_0, s_1, s_2, s_3, \dots$ hat dann den Grenzwert $\dfrac{1}{1-q}$.

Wir kehren nun zurück zu unserem Laufbeispiel und machen folgende Rechnung:
$$\frac{1}{2} + \frac{1}{4} + \frac{1}{8} + \dots = \frac{1}{2}\left(1 + \frac{1}{2} + \frac{1}{4} + \dots\right)$$
$$= \frac{1}{2} \cdot \frac{1}{1 - \frac{1}{2}} = 1.$$

Danach laufen wir also eine Strecke der Länge 1.

ZENON legt jedoch mit seiner Beschreibung vom Durchlaufen einer Strecke folgende Vorstellung nahe: Nachdem Achilles 500 m gelaufen ist, verharrt er erst einmal und prüft nach, ob er tatsächlich die Hälfte der Strecke zurückgelegt hat. Nach den nächsten 250 m blickt er wieder erst einmal um sich, ehe er weiterläuft, usw. Bliebe er z.B. jedesmal eine Sekunde stehen, um nachzusehen, wo er sich eigentlich befindet, käme er tatsächlich nie an. Bei einem richtigen Lauf würde er aber bestimmt, wenn er beispielsweise bei ungefähr 998 m $\left(\dfrac{1}{2} + \dfrac{1}{4} + \dfrac{1}{8} + \dots + \dfrac{1}{512} \approx 0{,}998\right)$ angekommen ist, einen großen Schritt machen und das ursprünglich 1 km weit entfernte Ziel überschreiten.

Noch einmal Achilles und die Schildkröte

ZENON hatte den Weg des Achilles in diejenigen Teilstrecken zerlegt, die Achilles jeweils zurücklegen muß, um zu dem Punkt zu kommen, an dem sich die Schildkröte bei der vorigen Etappe befand. Da die Geschwindigkeit der Schildkröte nur ein Zehntel derjenigen des Achilles beträgt, ist die Länge jeder folgenden Etappe nur ein Zehntel der Länge der vorhergehenden. Achilles hat somit bis zum Einholen der Schildkröte einen Weg folgender Länge zurückzulegen (in km):
$$1 + \frac{1}{10} + \left(\frac{1}{10}\right)^2 + \left(\frac{1}{10}\right)^3 + \dots$$

Hier haben wir es mit einer geometrischen Reihe mit dem Faktor $\dfrac{1}{10}$ zu tun. Nach der Summenformel für eine geometrische Reihe ermitteln wir in Übereinstimmung mit der bereits durchgeführten Rechnung für den Treffpunkt mit der Schildkröte
$$x = \frac{1}{1 - \dfrac{1}{10}} = \frac{10}{9}.$$

Mathematisch konnten diese beiden von ZENON überlieferten Paradoxa im Altertum noch nicht geklärt werden. Immerhin ist es in gewissem Maße ja doch verwunderlich, daß die Addition unendlich vieler positiver Summanden nicht zu einer unendlich großen Summe zu führen braucht. Bis der Begriff des Grenzwertes eingeführt und Klarheit um ihn geschaffen wurde, hatte es noch viele Jahrhunderte gedauert.

▲ Knobelaufgabe 3: Wieso hat die sogenannte *harmonische Reihe*
$$1 + \frac{1}{2} + \frac{1}{3} + \frac{1}{4} + \frac{1}{5} + \frac{1}{6} + \frac{1}{7} + \frac{1}{8} + \frac{1}{9} + \dots$$
keine endliche Summe?

Summandenfresser am Werk

Ein Summandenfresser nimmt sich vor, gewisse Glieder der harmonischen Reihe wegzuknabbern. Ein Summandenfresser mit der Perfektion 1 läßt jeden 10ten Summanden stehen. Welche Summe bleibt übrig? Es bleiben $\frac{1}{10} + \frac{1}{20} + \frac{1}{30} + \ldots$

$= \frac{1}{10}\left(1 + \frac{1}{2} + \frac{1}{3} + \ldots\right)$ stehen, also immer noch eine „unendlich große" Summe. Ein Summandenfresser mit doppelter Perfektion läßt nur jeden 10^2-ten, d.h. jeden hundertsten Summanden stehen. Ob wohl die doppelte Qualifikation hier etwas einbringt? Diesmal bleiben $\frac{1}{100} + \frac{1}{200} + \frac{1}{300} + \ldots$

$= \frac{1}{100}\left(1 + \frac{1}{2} + \frac{1}{3} + \ldots\right)$ übrig. Ein Summandenfresser der Perfektion 6 verschont nur jedes millionste Glied. $\frac{1}{1\,000\,000}\left(1 + \frac{1}{2} + \frac{1}{3} + \ldots\right)$ bleiben trotzdem übrig. Ein Summandenfresser der Perfektion 7, der jedes 10^7-te Glied nur stehenläßt, ist immerhin schon so qualifiziert, daß er bei dem Vorhaben, das gesamte Festland der Erde wegzufressen, nur eine Fläche lassen würde, die nicht ganz so groß wie die Fläche der Insel Hiddensee wäre. Und ein Summandenfresser der Perfektion 56 wäre sogar so gründlich, daß er bei dem Versuch, die gesamte Erdoberfläche wegzufressen, nur etwas übersehen würde, das kleiner wäre als ein Atomkern. Trotzdem – mit einer Qualifikation der Perfektion n ist für kein noch so großes n etwas zu machen. Immer bleibt $\frac{1}{10^n}\left(1 + \frac{1}{2} + \frac{1}{3} + \ldots\right)$ übrig, eine „unendlich große" Summe.

Vom Neunerfresser

Nun lassen wir auf die harmonische Reihe den Neunerfresser los. Dieses unscheinbare kleine Untier frißt alle Summanden $\frac{1}{n}$ weg, bei denen die Zahl n eine Ziffer 9 enthält. Welchen Rest wird dieses Tierchen wohl lassen? Die Antwort ist sicher für manchen verblüffend. Der Neunerfresser schafft es, nur endlich viel übrig zu lassen. Das winzige kleine Untier entpuppt sich nämlich als großer unersättlicher dickbäuchiger Drachen und läßt nur einen Rest von etwa 22,921.

Mit S' wollen wir den Rest der harmonischen Reihe bezeichnen, der übrigbleibt, wenn wir alle Summanden $\frac{1}{n}$ weglassen, bei denen n eine Ziffer 9 enthält.

Wir fassen nun jeweils aufeinanderfolgende Summanden dieser Restreihe auf folgende Weise zu Summen S_k zusammen:

$$S_1 = 1 + \frac{1}{2} + \frac{1}{3} + \ldots + \frac{1}{8};$$

$$S_2 = \frac{1}{10} + \frac{1}{11} + \ldots + \frac{1}{18} + \frac{1}{20} + \ldots + \frac{1}{88};$$

S_3 umfaßt alle Glieder von $\frac{1}{100}$ bis $\frac{1}{888}$, wobei zwischendurch auch wieder alle die Glieder weggelassen wurden, bei denen in der Zahl $\frac{1}{n}$ im Nenner eine 9 auftaucht;

S_4 umfaßt dann analog alle Summanden zwischen $\frac{1}{1000}$ und $\frac{1}{8888}$ unter Streichung aller dazwischenliegenden Glieder, bei denen eine 9 vorkommt; usw.

Betrachten wir eine Summe S_k, so können wir die Summanden der nächsten Summe S_{k+1} auf folgende Weise aus denen von S_k erzeugen: Ist $\frac{1}{m}$ ein Summand von S_k, so enthält S_{k+1} die Summanden $\frac{1}{10m+0}, \frac{1}{10m+1}, \ldots, \frac{1}{10m+8}$. Wir können so eine Zuordnung treffen zwischen jeweils einem Summanden von S_k und neun Summanden von S_{k+1}.

Wegen

$$\frac{1}{10m+0} + \frac{1}{10m+1} + \dots + \frac{1}{10m+8}$$

$$< \frac{1}{10m} + \frac{1}{10m} + \dots + \frac{1}{10m} < \frac{9}{10} \cdot \frac{1}{m}$$ erhalten wir

die Abschätzungen $S_{k+1} < \frac{9}{10} \cdot S_k$ bzw.

$$S_{k+l} < \left(\frac{9}{10}\right)^l \cdot S_k \text{ für } l = 1, 2, 3, \dots$$

Für die angeknabberte harmonische Reihe $S' = S_1 + S_2 + S_3 + \dots + S_{k-1} + S_k + S_{k+1} + \dots$ folgt somit, wenn wir $q = \frac{9}{10}$ setzen:

$$S' < S_1 + S_2 + \dots + S_{k-1} + S_k(1 + q + q^2 + \dots).$$

Wir haben es hier mit einer geometrischen Reihe zu tun. Wegen $q < 1$ hat die hier vorkommende geometrische Reihe eine endliche Summe, und diese beträgt 10. Wir erhalten also für S' folgende Abschätzung nach oben:

$$S' < S_1 + S_2 + \dots + S_{k-1} + 10 \cdot S_k.$$

Eine grobe Näherung für den Wert von S' finden wir bereits, wenn wir nur S_1 ausrechnen und von der Ungleichung $S_1 < S' < 10 \cdot S_1$ ausgehen, nämlich $2,7 < S' < 27,2$.

Wem diese Angaben nicht genügen, der muß sich noch etwas gründlicher mit der Reihe S' beschäftigen und eine genauere Abschätzung für S' nach unten suchen. Auch hierbei hilft uns wieder die Untersuchung einer geometrischen Reihe. Wir greifen uns einen Summanden einer beliebigen Summe S_{k+1}, $k > 0$, heraus. Der Nenner eines solchen Summanden ist dann mindestens zweistellig. Wir wollen ihn darstellen durch $10m + i$, $m \geq 1$, wobei i dann irgendeine der Zahlen $0, \dots, 8$ ist. Für $10m$ schreiben wir kurz p. Wir überlegen uns, daß S_{k+1} dann alle Summanden $\frac{1}{p+0}, \frac{1}{p+1}, \dots, \frac{1}{p+8}$ enthält.

Für diese Summanden finden wir folgende Abschätzung nach unten:

$$\frac{1}{p+0} + \dots + \frac{1}{p+8} = \frac{1}{p}\left(\frac{1}{1+\frac{0}{p}} + \dots + \frac{1}{1+\frac{8}{p}}\right)$$

$$> \frac{1}{p}\left(\left[1 - \frac{0}{p}\right] + \dots + \left[1 - \frac{8}{p}\right]\right) = \frac{1}{p}\left(9 - \frac{36}{p}\right).$$

(Wir benutzten dabei, daß aus $1 > 1 - x^2$ und $1 - x^2 = (1 + x) \cdot (1 - x)$ stets $\frac{1}{1+x} > 1 - x$ folgt, wenn $x > -1$ gilt.)

Aus der Bestimmung der Summe S_{k+1} folgt $p \geq 10^k$, d. h. $\frac{1}{p} \leq \frac{1}{10^k}$. Wir erhalten also die Abschätzung

$$\frac{1}{p+0} + \dots + \frac{1}{p+8} > \frac{1}{p}\left(9 - \frac{36}{10^k}\right)$$

$$= \frac{1}{m} \cdot \left(\frac{9}{10} - \frac{36}{10^{k+1}}\right).$$

Da $\frac{1}{m}$ ein Summand von S_k ist und $\frac{1}{p+0}, \dots,$ $\frac{1}{p+8}$ die von ihm in der Summe S_{k+1} erzeugten Summanden sind, erhalten wir nach kurzer Rechnung folgende Ungleichungen:

$$S_{k+1} > \left(\frac{9}{10} - \frac{36}{10^{k+1}}\right) \cdot S_k \quad \text{bzw.}$$

$$S_{k+l} > \left(\frac{9}{10} - \frac{36}{10^{k+1}}\right)^l \cdot S_k, \; l = 1, 2, \dots$$

Setzen wir $q = \frac{9}{10} - \frac{36}{10^{k+1}}$, so liefern uns diese Ungleichungen für die Restreihe S' eine Abschätzung nach unten:

$$S' > S_1 + S_2 + \dots + S_{k-1} + S_k(1 + q + q^2 + \dots),$$

$$S' > S_1 + S_2 + \dots + S_{k-1} + S_k \cdot \frac{1}{1-q},$$

$$S' > S_1 + S_2 + \dots + S_{k-1} + S_k \cdot \frac{10}{1 + \frac{36}{10^k}}.$$

$k = 3$ liefert schon ein gutes Ergebnis.

Der schiefe Turm

Sigrun will mit ihren Bausteinen einen Turm

bauen, und zwar will sie ihn nicht nur möglichst hoch, sondern auch möglichst schief bauen. Sie setzt zwei Steine nicht genau übereinander, sondern verschiebt jeden Stein soweit gegenüber dem darunter liegenden (z. B. immer nach rechts), daß ihr Turm gerade noch nicht einfällt. Wie schief kann ihr Turm werden?

Wir wollen annehmen, daß sie unendlich viele Steine hat, die Steine alle die gleiche Form und die gleiche Masse haben (Länge 1 Einheit, Masse 1 Einheit). Wir nehmen uns die ersten beiden Steine her (Abb. 13). Die größtmögliche Verschiebung erreichen wir, falls der Schwerpunkt des oberen Steins genau über einem Ende des unteren Steins liegt, z. B. über dem rechten. Wir *denken* uns nun diese beiden Steine aneinandergeklebt und setzen sie auf einen dritten Stein. Dabei schieben wir sie wieder so weit vor, bis der gemeinsame Schwerpunkt der oberen beiden Steine über der Endkante des dritten Steins liegt. Dann *denken* wir uns die so aufeinanderliegenden drei Steine wieder aneinandergeklebt und packen diesen Block abermals so weit wie möglich nach rechts verschoben auf den vierten Stein, usw.

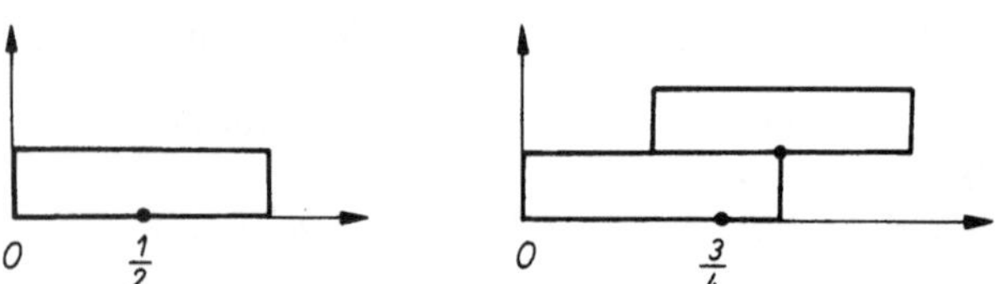

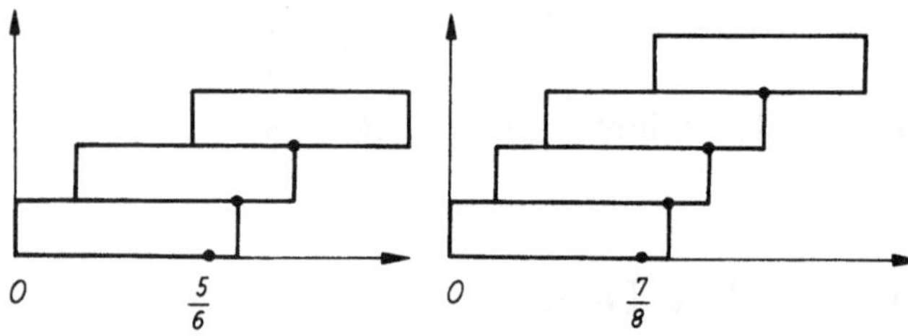

Abb. 13

Der oberste Stein überragt den darunterliegenden um eine halbe Länge. Der Schwerpunkt der oberen beiden Steine liegt bei $\frac{3}{4}$. Die ersten beiden Steine können also um $\frac{1}{2} + \frac{1}{4}$ über den dritten Stein hinausragen. Jetzt stellen wir uns n Steine so aneinandergeklebt vor, daß die Verschiebung maximal ist. Darunter wollen wir nun einen $(n+1)$-ten Stein legen, so daß die Verschiebung wieder maximal wird. Die Masse der aneinandergeklebten n Steine beträgt n Einheiten, die Masse aller $n+1$ Steine natürlich $n+1$ Einheiten. Der Schwerpunkt des untersten Steins liegt bei $\frac{1}{2}$, und der Schwerpunkt des n-Steine-Blocks soll, damit das Hinausragen maximal wird, bei 1 liegen. Für den Schwerpunkt des $(n+1)$-Steine-Blocks gilt dann

$$\frac{\frac{1}{2} \cdot 1 + 1 \cdot n}{n+1} = \frac{1+2n}{2(n+1)} = 1 - \frac{1}{2(n+1)}.$$

Die größtmögliche Verschiebung des $(n+1)$-ten Steins über dem $(n+2)$-ten Stein beträgt somit

$$\frac{1}{2(n+1)}.$$

Haben wir also $n+1$ Steine übereinandergebaut, so können die oberen n Steine über den untersten maximal um

$$\frac{1}{2} + \frac{1}{4} + \frac{1}{6} + \frac{1}{8} + \ldots + \frac{1}{2n}$$
$$= \frac{1}{2} \cdot \left(1 + \frac{1}{2} + \frac{1}{3} + \frac{1}{4} + \ldots + \frac{1}{n}\right)$$

nach rechts herausragen.

Mit ihren unendlich vielen Steinen könnte Sigrun folglich unendlich weit nach rechts bauen. Das ist erstaunlich, wenn wir bedenken, daß für beliebige n der Schwerpunkt der jeweils übereinandergepackten obersten n Steine sich natürlich irgendwo genau unter dem untersten Stein befinden muß.

Für die Koordinaten der Schwerpunkte erhalten wir die Folge $\frac{1}{2}, \frac{3}{4}, \frac{5}{6}, \frac{7}{8}, \ldots$, und diese Folge strebt mit wachsendem n gegen den Wert 1.

Die Kaninchenplage

Die Kenntnis einer Folge gänzlich anderer Art verdankt die Mathematik dem italienischen Mathematiker LEONARDO VON PISA, genannt FIBONACCI (1180?–1250). In seinem 1202 geschriebenen „Buch vom Abakus" (lat.: Liber abaci; der Abakus war das Rechenbrett der Römer) behandelte er die folgende Aufgabe (vgl. [37]):

„Jemand sperrt ein Kaninchenpaar in ein allseitig ummauertes Gehege, um zu erfahren, wieviel Nachkommen dieses eine Paar im Laufe eines Jahres haben werde. Es wird dabei vorausgesetzt, jedes Kaninchenpaar bringe monatlich ein neues Paar zur Welt und die Kaninchen würden vom zweiten Monat nach ihrer Geburt an gebären."

Die Lösung überlegte sich FIBONACCI so: Das eine Paar hat im ersten Monat Junge, so daß dann zwei Paare vorhanden sind. Von diesen hat im zweiten Monat nur eines Nachkommen, nämlich das erste, und nach zwei Monaten leben drei Kaninchenpaare in dem Gehege. Zwei von diesen gebären auch im folgenden Monat; das gibt dann schon fünf Paare. Und so weiter: Für die nächsten Monate erhält man der Reihe nach 8, 13, 21, 34, 55, 89, 144, 233 und schließlich 377 Kaninchenpaare nach einem Jahr.

Natürlich vermehren sich lebende Kaninchen nicht so „mathematisch" wie die Fibonacci-Kaninchen, aber doch so ähnlich: In Australien erzeugten am Ende des vorigen Jahrhunderts zwölf freigelassene Kaninchenpaare innerhalb von 40 Jahren eine Nachkommenschaft von rund 20 Millionen Tieren! 700 Jahre nach dem Erscheinen des Liber abaci eine schöne Bestätigung der Theorie durch die Natur.

Noch einmal Wundern

Wir können uns nun auch dafür interessieren, wie viele Paare von Fibonacci-Kaninchen es nach 17, 59 oder allgemein nach n Monaten gibt. Bezeichnen wir diese Anzahl mit k_n, so finden wir mit etwas Mühe $k_{17} = 4\,181$, k_{59} ist bereits eine dreizehnstellige Zahl. Allgemein setzt sich k_n zusammen aus der Anzahl der im vorhergehenden Monat lebenden Kaninchenpaare (diese ist gleich k_{n-1}) und der Anzahl der im laufenden Monat geborenen Kaninchenpaare (diese ist gleich der Anzahl der mindestens zwei Monate alten Kaninchenpaare, also k_{n-2}):
$k_n = k_{n-1} + k_{n-2}$ ($n = 3, 4, \ldots$),
außerdem wissen wir bereits $k_1 = 2$ und $k_2 = 3$.

Zahlenfolgen, die einem solchen Fortpflanzungsgesetz gehorchen, gehören zu den *rekursiven Folgen*, die in der Mathematik eine große Rolle spielen. Will man ein Glied einer solchen Folge bestimmen, so muß man zuvor alle Folgenglieder mit kleinerer Nummer ausrechnen, wozu bei großem n auch ein großer Rechenaufwand nötig sein kann. Dies ist eine unangenehme Überraschung.

Die Mathematiker suchten deshalb eine Formel, mit der man ein Folgenglied direkt ausrechnen kann, wenn seine Nummer in der Folge bekannt ist.

Für die Zahlenfolge F_1, F_2, F_3, ... mit
$F_1 = F_2 = 1$, $F_n = F_{n-1} + F_{n-2}$ ($n = 3, 4, \ldots$),
die in der Literatur meist Zahlenfolge des FIBONACCI heißt und sich von der „Kaninchenfolge" nur durch die Anfangsglieder unterscheidet, lautet die sogenannte Binetsche Formel

$$F_n = \frac{1}{\sqrt{5}} \left[\left(\frac{1 + \sqrt{5}}{2} \right)^n - \left(\frac{1 - \sqrt{5}}{2} \right)^n \right] \quad (n = 1, 2, \ldots).$$

Da haben wir noch einmal Grund zum Wundern: Die Formel zur Berechnung der ganzen Zahlen F_n enthält nicht nur Brüche, sondern sogar die irrationale Zahl $\sqrt{5}$. Wenn Sie den binomischen Lehrsatz kennen, werden Sie sich erklären können, warum die Binetsche Formel stets ganze Zahlen liefert (übrigens auch für negative n).

Das verhexte Kästchen

Unter Ausnutzung einer Eigenschaft der Fibonacci-

Zahlen wollen wir ein wenig mit kariertem Papier zaubern. Dazu zeichnen wir uns ein Quadrat von 8 Kästchen Seitenlänge auf kariertes Papier, zerschneiden es gemäß Abb. 14a und setzen es nach Abb. 14b zu einem Rechteck von 5 mal 13 Kästchen zusammen.

Der Flächeninhalt des Rechtecks beträgt 65 Kästchen, ist also um eines größer als der Flächeninhalt des Quadrates.

▲ Knobelaufgabe 4: Woher kommt das Kästchen? Wenn man in gleicher Weise ein Quadrat von 13 Kästchen Seitenlänge in ein Rechteck von 8 mal 21 Kästchen umwandelt, verschwindet ein Kästchen. Wohin? Welche Eigenschaft der Fibonacci-Zahlen ist dafür verantwortlich?

Die Fibonacci-Zahlen haben noch viele andere interessante Eigenschaften, über die Sie in [37] nachlesen können. Zu den noch ungeklärten Problemen gehört die Frage, ob die Folge nur endlich viele oder unendlich viele Primzahlen enthält.

Wollen Sie noch ein bißchen knobeln? Dann stellen Sie sich den kleinen Roland vor, der am Anfang eines langen Weges aus quadratischen Platten steht. Er ist gerade groß genug, von einer Platte auf die

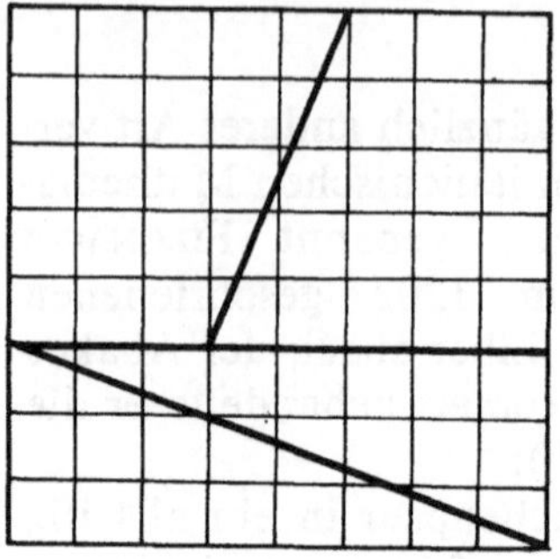

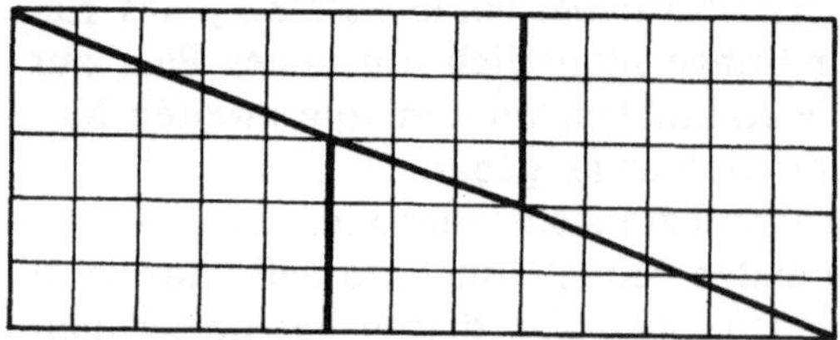

Abb. 14 a, b

nächste zu gehen oder über eine Platte hinweg auf die übernächste zu springen. Auf wieviel verschiedenen „Wegen" kann er zur n-ten Platte gelangen? (Zwei Wege sollen genau dann als gleich angesehen werden, wenn sie über dieselben Platten führen.)

3. Labyrinthe und Landkarten

Jetzt fahr'n wir über'n See

Mitunter ist das nicht einfach. Schwierig ist die Überquerung besonders dann, wenn man kein Boot hat. Besser ging es da einem Fährmann, der einen Wolf, eine Ziege und einen Kohlkopf mit sich führte. Als er an das Ufer kam, fand er ein kleines Boot, konnte in ihm jedoch höchstens ein Ding mitnehmen, sonst wäre es gesunken. Auch durfte er nur Wolf und Kohlkopf ohne Aufsicht zusammenlassen, wollte er ein Unglück vermeiden. Wolf und Ziege oder Ziege und Kohlkopf – das wäre nicht gutgegangen. Wie sollte sich der Fährmann verhalten?

Wir wollen die Antwort mit Hilfe der sogenannten *Graphentheorie* suchen. Zuerst notieren wir, welche „Zustände" am Ausgangsufer eintreten können, d. h. welche Möglichkeiten es dafür gibt, daß sich etwas oder jemand dort befindet (Abb. 15).

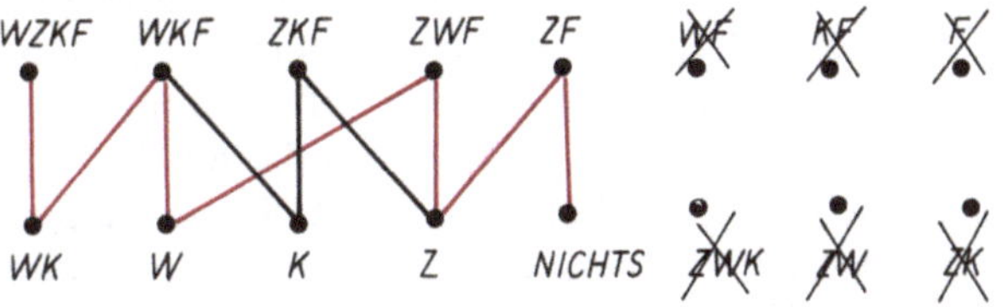

Abb. 15

Dann streichen wir die Zustände, die unzulässig sind, weil (hier oder im Boot oder am anderen Ufer) der Wolf die Ziege oder die Ziege den Kohlkopf fressen könnte. Zu jedem der restlichen Zustände suchen wir alle „Nachbarzustände", d.h. solche, die durch Abfahrt oder Ankunft des Bootes erreicht werden können, und verbinden sie durch vom Zustand zu seinen Nachbarn führende Linien.

Das Bild aus Punkten und verbindenden Linien (auch „Knoten" und „Kanten" genannt), das wir erhalten haben, stellt einen *Graph* dar. Er ist *zusammenhängend*, d. h., es gibt von jedem Knoten einen Kantenweg zu jedem anderen Knoten. Wollen wir unsere Aufgabe nun lösen, müssen wir nur noch einen Weg vom Knoten *WZKF* zum Knoten *NICHTS* finden. Das ist leicht; ein möglicher Weg ist farbig markiert.

Und nun versuchen Sie einmal, folgende Aufgabe zu lösen:

▲ Knobelaufgabe 5: 3 Katzen und 3 Hunde kamen an einen Fluß und wollten übersetzen. Im einzigen Boot fanden höchstens 2 Tiere Platz. Sind irgendwo mehr Hunde als Katzen, so fallen sie über die Katzen her. Wie kamen die Tiere heil über den Fluß? (Jedes der 6 Tiere kann rudern.)

In der Aufgabe von Wolf, Ziege und Kohlkopf verbanden wir einen Knoten mit seinen Nachbarn stets durch eine ungerichtete Linie (Kante). Das ist sinnvoll. Zum Beispiel ist *W* Nachbar von *ZWF* (wird bei Abfahrt des Bootes mit Fährmann und Ziege erreicht), aber ebenso ist *ZWF* Nachbar von *W* (wird bei entsprechender Bootsankunft erreicht). Im folgenden Beispiel dagegen werden alle Kanten gerichtet sein; an die Stelle von Nachbarn treten „Nachfolger":

Drei Personen mit einer Masse von 105 kg, 55 kg bzw. 50 kg wollen sich von einem Turm abseilen. Dazu haben sie ein langes Seil, zwei Körbe (zum Hineinsetzen) und einen Stein von 45 kg Masse zur Verfügung. Bringen sie das Seil auf Turmlänge, befestigen an den Enden die Körbe und hängen es oben über eine Rolle, so kann durch Herablassen des Steins bzw. Auf- und Abfahrten die oben befindliche „Gesamtmasse" verringert werden [34]. Die Lösung dieser Aufgabe wollen wir wieder mit Hilfe eines Graphen suchen. Zunächst bestimmen wir dessen Knoten. Diese sollen (durch die entsprechenden Massen) angeben, wer oder was sich gerade oben befindet (Abb. 16). Ein Knoten ist nun Nachfolger eines anderen, wenn er aus diesem durch eine Fahrt mit den Körben oder durch Hinablassen des Steins erreicht werden kann. Wenn ein Mensch nach unten fährt, soll die Masse des anderen Korbs höchstens 5 kg geringer sein, damit die Fahrt sanft verläuft. In Abb. 16 sind alle Nachfolgerbeziehungen eingezeichnet. Die Aufgabe besteht nun darin, entlang der gerichteten Kanten einen Weg vom Knoten (45, 50, 55, 105) zum Knoten (*NICHTS*) oder zum Knoten (45), bei dem ebenfalls keiner oben ist, zu finden. Es gibt mehrere solche Wege. Einer davon ist in der Abbildung farbig gekennzeichnet.

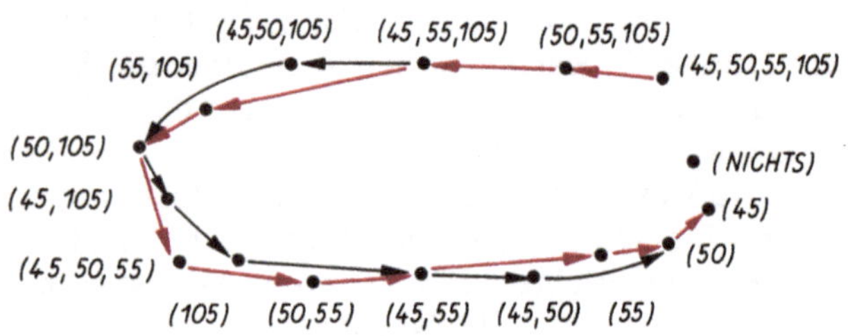

Abb. 16

Der Faden der Ariadne

Waren Sie schon einmal in Altjeßnitz? In diesem Ort befindet sich ein Heckenlabyrinth, in dem Sie sich hoffnungslos verirren können. Schon seit tausenden Jahren gibt es künstlich angelegte Labyrinthe, so das sagenumwobene auf der Insel Kreta, in dem der Minotaurus (ein Ungeheuer: halb Mensch, halb Stier) gelebt haben soll. Sieben Mädchen und sieben Jünglinge opferten die Athener jedes Jahr, bis endlich Theseus den Minotaurus erschlug und mit Hilfe eines abgewickelten Fadenknäuels (das ihm ein Mädchen namens Ariadne gegeben hatte) den Weg aus dem Labyrinth fand.
Jedem Labyrinth kann man einen Graph zuordnen, in dem die Knoten die Verzweigungs- und Endpunkte sowie die Kanten die Gänge zwischen die-

sen darstellen (Abb. 17). Den Ausgang des Labyrinths finden bedeutet dann, einen Kantenweg von dem Knoten, an dem man sich befindet, zum Ausgang zu erkennen. Das ist einfach, wenn der gesamte Graph bekannt ist. Wir bilden ihn dann mit einem Fadenmodell nach: Die Fäden sind die Kanten, an den Knoten des Graphen werden sie wirklich verknotet. Fassen wir an jenem Knoten, von dem aus wir den Ausgang suchen, und am „Ausgangsknoten" an und ziehen sie auseinander, so sind die gespannten Fadenstücke die Kanten eines Weges zum Ausgang. Bei maßstabsgerechter Ausführung erhalten wir sogar den kürzesten Weg.

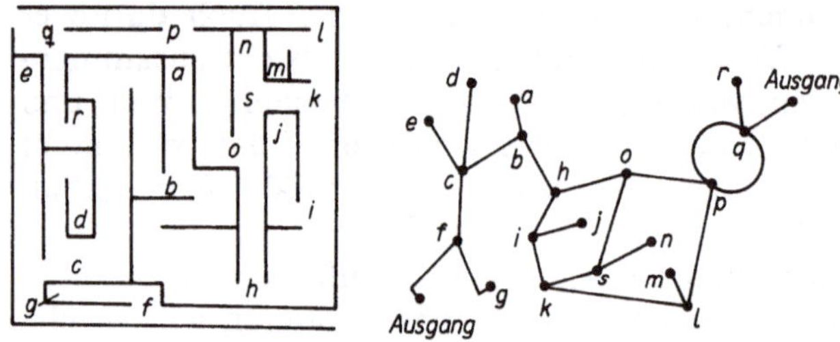

Abb. 17. Labyrinth und zugeordneter Graph

Nun stellen Sie sich aber einmal vor, Sie befänden sich inmitten eines Ihnen unbekannten Labyrinths, ohne dessen Plan mit eingezeichnetem eigenem Standort zu besitzen. Was tun? Oft kommt man dann schon mit der „Rechte-Hand-Regel" zum Ziel. Diese lautet: Gehen Sie, wenn Sie auf einen Knoten treffen, die am weitesten rechts liegende Kante weiter!
Versuchen Sie einmal auf diese Weise, das Labyrinth in Abb. 17 vom Knoten *a* aus zu verlassen. Es wird Ihnen gelingen. Leider hilft diese Regel aber nicht immer. Das in Abb. 18 dargestellte Labyrinth können Sie von *a* aus auf diese Weise nicht verlassen.

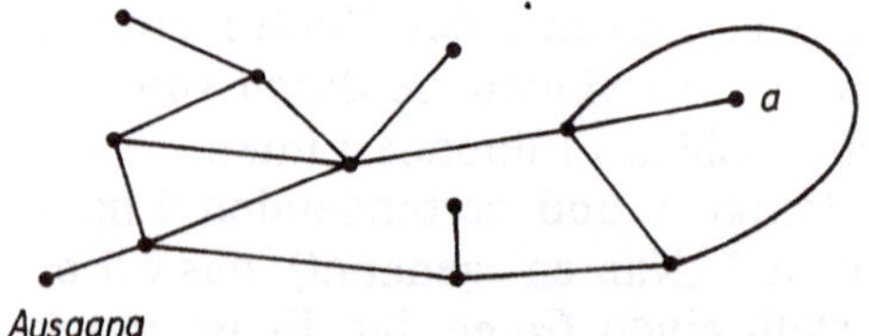

Abb. 18

Wenn wir den Ausgang finden wollen, müssen wir alle Gänge nach ihm absuchen. (Natürlich hören wir auf, wenn wir ihn gefunden haben.) Gesucht ist also eine Methode, die – ohne daß wir das Labyrinth kennen – uns nötigenfalls durch die Gänge führt, ohne einen zu vergessen. Mit der folgenden Methode schaffen wir das. Übersehen wir den Ausgang, so kehren wir zum Schluß an unseren Anfangsknoten zurück, nachdem wir durch jeden Gang genau zweimal gelaufen sind.

Diese Methode liefert also die Route für eine Straßenkehrmaschine: Jede Straße wird zweimal entlanggefahren, um beide Straßenseiten zu reinigen, und der besseren Anschaulichkeit wegen geben wir die Methode (*Algorithmus von* TREMAUX) auch in der „Sprache einer Straßenkehrmaschine" an:

– Start an einem beliebigen Knoten in beliebiger Richtung.

– Am Ende einer Sackgasse wird umgekehrt.

– Am Beginn und am Ende einer gereinigten Straßenseite wird ein Zeichen (Markierung) angebracht.

– An einem noch nie befahrenen Knoten wird durch eine beliebige andere Straße weitergefahren.

– Gelangen wir durch eine erst einseitig gereinigte Straße an einen schon einmal befahrenen Knoten, so kehren wir um und reinigen die andere Straßenseite. War die andere Seite schon sauber, dann suchen wir zur Weiterfahrt eine noch gar nicht gereinigte Straße. Haben wir auch diese Möglichkeit nicht, so fahren wir in einer beliebigen erst halbseitig gereinigten Straße weiter.

– Haben wir den Ausgang gefunden, so wird die Suche beendet.

Versuchen Sie einmal, das in Abb. 18 dargestellte Labyrinth von *a* aus auf diese Weise zu verlassen! Finden Sie eine Fahrtroute einer Straßenkehrmaschine auf dem in Abb. 19 gezeigten Ausschnitt aus einem Stadtplan!

Die zänkischen Nachbarn

Es waren einmal vier Einsiedler in ihren Hütten,

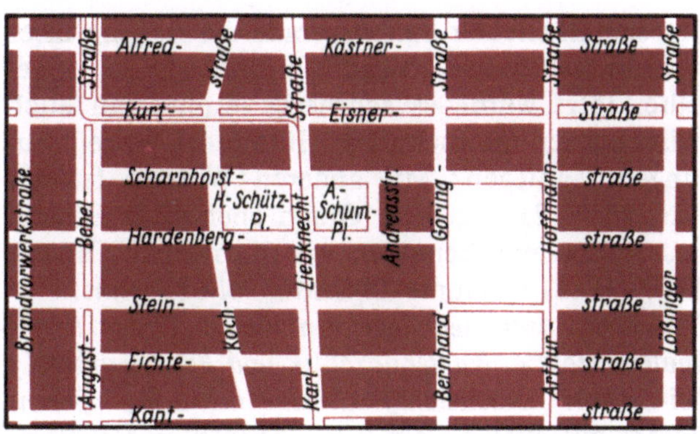

Abb. 19

die wollten Wege anlegen, um sich gegenseitig aufsuchen zu können. Da sie sehr zänkisch waren, sollten sich diese Wege aber nicht kreuzen. So vermied man ungewollten Streit. Nachdem der Plan, die Wege wie in Abb. 20a anzulegen, verworfen war, entschlossen sich die Einsiedler zu dem in Abb. 20b dargestellten Wegenetz.

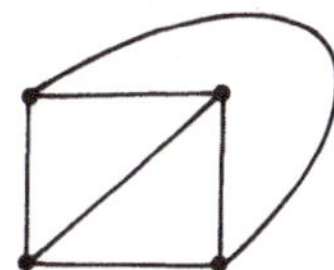

Abb. 20 a, b

Die beiden Graphen in Abb. 20 bestehen aus den gleichen Knoten und den gleichen Kanten (bzw. Knotenverbindungen), diese sind nur verschieden dargestellt. Wir unterscheiden deshalb nicht zwischen ihnen. Es handelt sich um zwei Darstellungen des gleichen Graphen. Dabei ist eine solche möglich, in der sich keine Kanten im Bild schneiden. Graphen, bei denen das möglich ist, nennen wir *eben*.

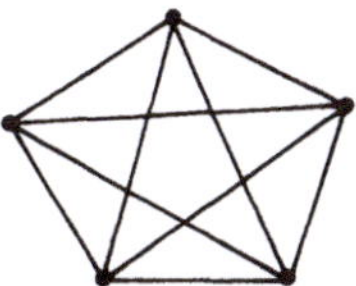

Abb. 21. „Graph der zänkischen Nachbarn"

Die vier Einsiedler hatten gerade die Lösung ihres Problems gefunden, als sich ein fünfter zu ihnen gesellte. Jetzt wurde es schwierig. Kann man auch zwischen den nunmehr fünf Hütten die Wege kreuzungsfrei anlegen? Mit anderen Worten: Ist der durch Abb. 21 gegebene Graph eben? Zur Lösung dieses Problems benutzen wir die nach L. EULER (1707–1783) benannte *Eulersche Polyederformel*:
Für einen zusammenhängenden ebenen Graphen mit Knotenanzahl e, Kantenanzahl k und Flächenanzahl f (bei „ebener" Darstellung; einschließlich der „äußeren" Fläche) gilt stets $e + f = k + 2$. (Einen unterhaltsamen Beweis finden Sie in [2].)
Bei dem in Abb. 20 dargestellten Graphen ist z. B. $e = 4$, $f = 4$, $k = 6$. Der „Graph der zänkischen Nachbarn" in Abb. 21 hat $e = 5$ Knoten, $k = 10$ Kanten. Angenommen, er wäre eben und wir hätten eine entsprechende Darstellung gefunden. Dann wollen wir uns jedes Flächenstück (auch das „äußere") als ein Land vorstellen und die Kanten als Ländergrenzen. Die Zahl der Länder ist $f = k + 2 - e = 7$. Jedes Land stellt nun an jeder seiner Grenzen genau einen Posten auf. Die Gesamtzahl der Posten bezeichnen wir mit p. Weil an jeder Grenze von jeder Seite genau ein Posten steht, ist dann $p = 2k = 20$. Andererseits hat aber jedes Land mindestens 3 Grenzen. (Warum?) Hieraus folgt $p \geqq 3f = 21$. Aus dem so erhaltenen Widerspruch können wir schließen, daß die Annahme, der Graph sei eben, falsch ist. Die fünf zänkischen Nachbarn können ihr Vorhaben nicht verwirklichen.
▲ Knobelaufgabe 6: Drei Häuser sollen jeweils direkte Zuleitungen zum Gaswerk, zum Wasserwerk und zum Kraftwerk erhalten. Ist das möglich, ohne daß sich irgendwelche Leitungen in der Bauzeichnung kreuzen (Abb. 22)?

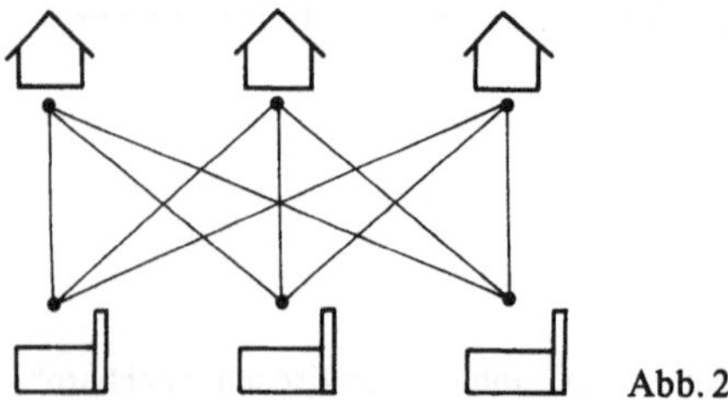

Abb. 22

Ein Seeungeheuer staunt

Die Abb. 23 könnte einem Ausmalebuch für Kinder entnommen sein. Das kleine Seeungeheuer darauf staunt, daß es in unserem Buch eine Rolle spielen wird. Es hat doch nichts mit Graphen zu tun – oder? Das Bild soll so ausgemalt werden, daß zwei angrenzende Flächen stets unterschiedliche Farben erhalten. Dabei wollen wir – im Gegensatz zur „Färbewut" mancher Kinder – möglichst wenige Farben verwenden.
Betrachten wir also das Bild im Lichte der Graphentheorie: Die Linien sind Kanten, ihre Kreuzungspunkte Knoten. Von jedem Knoten geht eine gerade Anzahl von Kanten aus. Einige dieser Kanten sind sogar unbeschränkt, aber auch deren Anzahl ist gerade. Wir können also stets zwei davon verbinden.
▲ Knobelaufgabe 7: Überlegen Sie sich, daß bei jedem Bild, in dem von jedem Knoten eine gerade Anzahl von Kanten ausgeht, die Anzahl der unbeschränkten Kanten gerade ist!
Den nun erhaltenen Graphen zerlegen wir in geschlossene Kantenzüge. Dazu starten wir in einem Knoten, folgen – etwa mit dem Bleistift – einer von ihm ausgehenden Kante bis zum nächsten Knoten. Dort wählen wir eine Kante aus, die noch nicht durchlaufen wurde. Das geht so weiter, bis der Startknoten wieder erreicht wird. Das Fortschreiten an den Knoten ist gesichert, da von ihnen eine gerade Zahl von Kanten ausgeht. Haben Sie alle Kanten des Graphen in geschlossenen Kantenzügen erfaßt, so zählen Sie, wie viele dieser Kantenzüge jedes Flächenstück umgeben (Abb. 23)!
Gleiche Farben erhalten diejenigen Flächen, wo diese Zahlen gerade bzw. ungerade sind. Angrenzende Flächen werden so unterschiedlich gefärbt, da sie eine Kante trennt, die ja zu einem geschlossenen Kantenzug gehört. Es reichen also zwei Farben aus. Ob das Seeungeheuer mit dieser Antwort

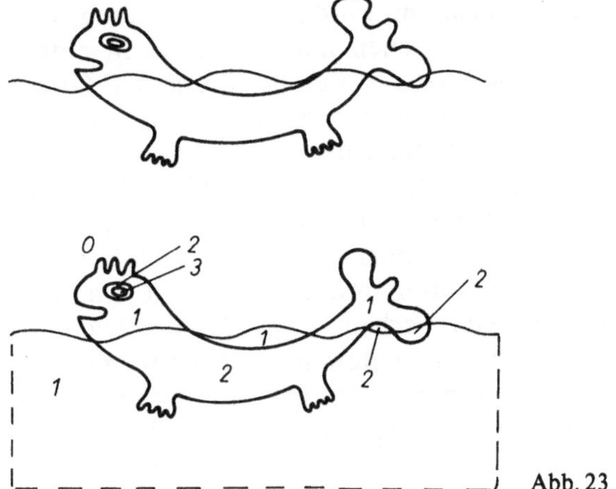

Abb. 23

zufrieden ist? Doch, schon – aber reichen denn immer zwei Farben? Sie reichen stets dann, wenn im zugeordneten Graphen von jedem Knoten eine gerade Anzahl von Kanten ausgeht. Ist diese Zahl für einen Knoten ungerade, z. B. 3, so können Sie sich leicht an einer Skizze davon überzeugen, daß zwei Farben allein nicht genügen.

Zufrieden schnaufend taucht das Seeungeheuer zurück in die Tiefe. Es bleibt die Frage, wie viele Farben man mindestens benötigt, um eine beliebige Abbildung auszumalen. Wir wissen, daß zwei nicht reichen. Aber müssen es 18 sein oder nur zwölf? Oder gar nur sechs?

Das Problem tritt ebenso beim Färben von politischen Landkarten auf. Länder mit einer gemeinsamen Grenze müssen unterschiedliche Farben erhalten. Natürlich treten hier keine unbeschränkten Grenzen auf. Außerdem wollen wir vereinfachend annehmen, daß jedes Land zusammenhängend ist, also keine Inseln oder Gebiete inmitten anderer Länder besitzt. Das Problem wird auch nicht komplizierter, wenn Länder völlig von anderen oder vom Meer eingeschlossen sind. Diese Teile der Karte können nämlich als extra zu färbende Karte aufgefaßt werden. Treffen mehr als zwei Länder in einem Punkt aneinander, so heißt dieser „Ecke". Von einer Ecke gehen also mindestens drei Kanten aus.

Fünf Farben reichen immer

Überrascht Sie das? Hatten Sie mit mehr gerechnet? Weil unser Vorstellungsvermögen auf diese ungewöhnliche Aufgabe kaum eingestellt ist, halten wir uns an die exakte mathematische Schlußweise, hier in der Gestalt eines *Induktionsbeweises* über die Anzahl f der Länder.

Fünf Farben reichen offenbar aus, wenn die Landkarte nicht mehr als fünf Länder enthält (Induktionsanfang). Wir werden nun zeigen, daß alle Karten mit höchstens $(f+1)$ Ländern ($f \geq 5$) mit nur fünf Farben färbbar sind, wenn dies schon für alle Karten mit maximal f Ländern möglich ist (Induktionsschritt).

Zunächst überlegen wir uns: In jeder Landkarte existiert ein Land S mit nicht mehr als fünf Grenzen! Andernfalls erhielten wir beim Zählen der k Grenzen von den f Ländern bzw. den e Ecken: $2k \geq 6f$ und $2k \geq 3e$. (Jede Grenze wurde zweimal gezählt. Denken Sie an den „Grenzposten"-Beweis im Abschnitt „Die zänkischen Nachbarn"!) Mit Hilfe der Eulerschen Polyederformel $e + f = k + 2$ würde dann $3k \geq 3(e + f) = 3(k + 2)$ folgen, eine falsche Aussage. Damit ist die Existenz von S gesichert.

Hat S vier oder weniger Nachbarn, so vereinigen wir es mit einem von diesen, färben die entstehende Karte mit höchstens f Ländern und vergeben dann an S jene Farbe, die bei seinen Nachbarn nicht auftritt.

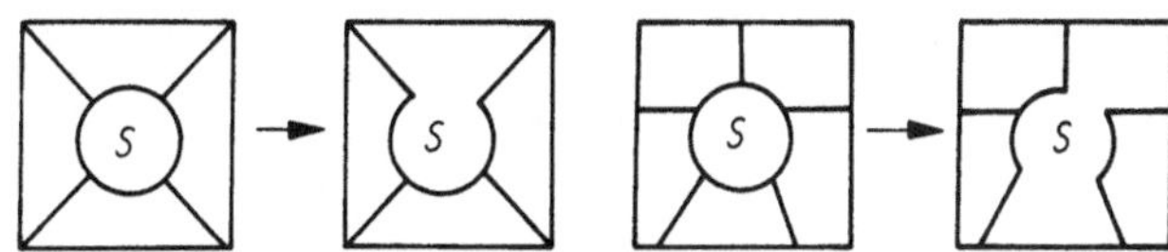

Abb. 24. S mit 4 bzw. 5 Nachbarländern

Besitzt S fünf Nachbarländer, so gibt es unter diesen zwei, die nicht benachbart sind. Andernfalls erhielte man nämlich – die fünf Hauptstädte paarweise durch sich gegenseitig nicht kreuzende

Eisenbahnlinien verbunden – den Graph der zänkischen Nachbarn, der aber bekanntlich nicht eben ist. Wir können S mit diesen beiden Nachbarländern vereinigen, die entstehende Karte mit höchstens $(f-1)$ Ländern mit fünf Farben färben und anschließend an S jene Farbe vergeben, die unter seinen mit vier Farben gefärbten fünf Nachbarn nicht vorkommt.

Reichen bereits vier Farben?

Wir verraten Ihnen noch etwas: Eine Landkarte, in der von jeder Ecke genau drei Grenzen ausgehen, läßt sich dann und nur dann mit drei Farben färben, wenn die Anzahl der Ecken jedes Landes gerade ist. (Interessenten empfehlen wir [8], wo dieser Sachverhalt eingebettet in viele interessante Knobelaufgaben bewiesen wird.) Also sind auch nur spezielle Landkarten mit drei Farben färbbar. Allgemein reichen fünf, was aber ist mit vier Farben?
Dieses Problem bewegte lange Zeit die Mathematiker. Erstmals erwähnt wurde die Vermutung, daß stets vier Farben reichen könnten, 1852 in einem Brief von A. DE MORGAN, den der Student F. GUTHRIE mit dieser Frage konfrontiert hatte. Schnell mußte man erkennen, daß dieses einfach erscheinende Problem komplizierte mathematische Überlegungen erforderte. Erst 1890 zeigte P. HEAWOOD, daß fünf Farben immer ausreichen. 1975 wußte man, daß sich Karten mit höchstens 96 Ländern stets mit nur vier Farben färben lassen. Die Forschungen nach einem Beweis oder einer Widerlegung der Vierfarbenvermutung produzierten eine Unmenge von Erkenntnissen über ebene Graphen. Einige Male glaubte man auch schon, Beweise gefunden zu haben, doch stellten sie sich stets als fehlerhaft heraus. Erst 1976 zeigten K. APPEL und W. HAKEN, daß jede ebene Landkarte mit nur vier Farben färbbar ist. Auch sie verwendeten einen Induktionsbeweis und wiesen mit Hilfe von Computerprogrammen nach, daß jede Landkarte eine von 1936 Reduktionsfiguren enthält. (Beispiele für solche Figuren zeigt die Abb. 24.)
Die im Zusammenhang mit dem Vierfarbensatz erhaltenen Forschungsergebnisse sind heute fester Bestandteil der Graphentheorie und finden Anwendung bis hin zum Entwurf gedruckter Schaltungen und integrierter elektronischer Bauelemente.

4. Ich weiß, daß du mitdenkst

Wilhelm Busch schreibt, wie Sie wissen,
man sollt' den Verstand nicht missen.
Also denkt der Max sogleich
an 'nen klugen vierten Streich.

Lehrer Lämpel mußt sie rügen,
weil die Buben ständig lügen.
So entschließt der eine sich:
„Nur die Wahrheit sage ich!"

Dies nun weiß der brave Lehrer,
der vom Tabak ein Verehrer.
Nach der Arbeit will er dann
zünden seine Pfeife an.

Doch nicht mehr auf rechtem Schranke
liegt die Pfeife. Der Gedanke,
etwas könnte hier nicht stimmen,
geht nicht mehr aus seinen Sinnen.

Da erspäht er beide Buben
hinterm Fenster seiner Stuben.
Eine Frage steht ihm frei,
was mit seiner Pfeife sei.

Rätsel: Mit welcher Frage an einen der beiden Jungen Max oder Moritz erfährt Lehrer Lämpel, ob mit seiner Pfeife noch alles in Ordnung ist?
Könnte er zwei Fragen stellen, so wäre die Lösung einfach. Mit der ersten Frage würde er erkunden, ob Max der Lügner ist, und mit der zweiten Frage erfahren, was mit seiner Pfeife geschah. Da Lämpel aber nur eine Frage stellen darf, überlegt er sich: „In meiner Frage muß ich mich nach der Pfeife erkundigen. Frage ich, ob die Pfeife in Ordnung ist, so kann ich mit der Antwort nichts anfangen, weil ich nicht weiß, ob Max – den ich z. B. frage – die Wahrheit sagt. Ich weiß aber, daß Max entgegengesetzt zu Moritz antwortet, da genau einer von bei-

den lügt. Also frage ich Max: ‚Was würde Moritz sagen, wenn ich ihn frage, ob die Pfeife noch funktionstüchtig ist?'"
Überlegen wir uns nun anhand folgender Tabelle, welche Antworten Lehrer Lämpel erhalten kann (Tab. 1). Hinter unserer Vorgehensweise verbirgt sich das *Prinzip der vollständigen Fallunterscheidung.* Wir erkennen, die Pfeife ist in Ordnung, falls Max auf Lämpels Frage mit „Nein" antwortet, sie ist nicht in Ordnung, wenn er mit „Ja" antwortet.

Tab. 1

die Pfeife ist in Ordnung	Max sagt die Wahrheit	Moritz sagt die Wahrheit	Max antwortet
ja	ja	nein	„Nein."
	nein	ja	„Nein."
nein	ja	nein	„Ja."
	nein	ja	„Ja."

Aufgabe: Meinen Sie, Lehrer Lämpel erfährt mit der Frage „Würdest du lügen, wenn du auf die Frage ‚Ist meine Pfeife in Ordnung' mit ‚Ja' antwortest?" die Wahrheit?

Die klugen Männer Bagdads

Vor langen, langen Jahren kam dem Kalifen von Bagdad zu Ohren, daß es in seiner Stadt eine Reihe untreuer Frauen gibt. Die Untreue galt als Privileg seiner Männer und als Todsünde für die Frau. Und so gab eines frühen Morgens ein Bote des Kalifen bekannt:
Es gibt in Bagdad untreue Frauen! An dem Tage, an dem ein Ehemann von der Untreue seiner Frau überzeugt ist, bringe er diese bis zum Einbruch der Dunkelheit zum Henker! Ab sofort erwartet der Henker die Schuldigen!

Der Kalif konnte sich darauf verlassen, daß jeder Mann von jeder Frau außer von seiner eigenen weiß, ob sie untreu ist oder nicht. Ebenso war er von der Klugheit und vom Gehorsam seiner Männer fest überzeugt.

Rätsel: Konnte so der Kalif alle untreuen Frauen hinrichten lassen, wenn nur die Männer seine Anordnungen genau befolgten?

Zunächst überlegen wir uns die Lösung des Rätsels für zwei Spezialfälle: Ein Mann, der keine untreue Frau kennt, muß seine eigene Frau am ersten Tag zum Henker bringen. Falls am ersten Tag keine Frau zum Henker gebracht wurde, ist jedem klugen Mann klar, daß es also wenigstens zwei untreue Frauen geben muß, denn jeder Mann kennt wenigstens eine (sonst wäre der erste Fall eingetreten). Wer genau eine kennt, weiß also am zweiten Tag, daß seine eigene Frau untreu ist.

Aufgabe: Versuchen Sie zusammen mit wenigstens vier Mitspielern, diese Denkaufgabe für den Fall dreier untreuer Frauen zu lösen!

Die bisherigen Überlegungen bringen uns auf eine Vermutung: Falls bis zum $(n-1)$-ten Tag keine untreue Frau zum Henker gebracht wurde, so gibt es wenigstens n untreue Frauen. Jeder kluge und gehorsame Mann, der genau $n-1$ kennt, weiß dann am n-ten Tag, daß seine Frau untreu ist, und er bringt sie zum Henker.

Wenn wir diese Behauptung für jede natürliche Zahl n zeigen können, so haben wir das Rätsel gelöst. Die Idee liegt nahe, den Beweis mit *vollständiger Induktion* zu führen.

Der Anfang ist bereits getan, da wir schon für $n=1$, und $n=2$ diese Behauptung überprüften. Erinnern Sie sich nun, daß wir weiter folgendermaßen vorgehen können. Um von n auf $n+1$ zu schließen, setzen wir zunächst voraus: Die Vermutung ist für alle $k \leq n$ richtig. Unter dieser Voraussetzung zeigen wir nun, daß sie auch für $n+1$ richtig ist.

Falls also bis zum n-ten Tag keine untreue Frau zum Henker gebracht wurde, weiß jeder kluge Mann, es gibt wenigstens $n+1$ untreue Frauen.

Denn würde es weniger, also k $(k \leq n)$ untreue Frauen geben, so würden diese nach Voraussetzung am k-ten Tag zum Henker gebracht. Dies trat aber nicht ein. Nun ist jeder Mann, der genau n untreue Frauen kennt, sicher, daß seine Frau untreu ist, und er bringt sie am $(n+1)$-ten Tag zum Henker.

Damit ist der Induktionsbeweis abgeschlossen. Unsere Vermutung ist für alle natürlichen Zahlen richtig. Das Rätsel ist gelöst.

Erst besinn's, dann beginn's

In einem Mathematikzirkel übten Ilka, Franziska, Susanne und Katja, logische Denkaufgaben zu lösen. Sebastian fordert sie zu einem Spiel heraus [6]. Er zeigt ihnen ein Kästchen mit Ohrringen, mit acht einzelnen weißen und zwei einzelnen roten. Dann wendet er sich an seine Mädchen: „Jeder von euch stecke ich zwei Ohrringe an. Ihr seht dabei nicht, welcher Farbe sie sind. Anschließend könnt ihr euch gegenseitig anschauen. Ich frage euch dann im Abstand von je einer Minute, ob ihr die Farbe eurer Ohrringe bestimmen könnt. Es gewinnt diejenige, die am schnellsten die richtige Antwort weiß!"

Gesagt, getan. Nach der ersten Minute und auch nach der zweiten Minute kann noch keines der Mädchen die Farbe seiner Ohrringe bestimmen. Aber nun, man sieht es ihr schon an, weiß Ilka, welcher Farbe ihre Ohrringe sind. Sie ruft es den anderen zu!

Rätsel: Wie kam Ilka zu dieser Entscheidung, und wie sahen ihre Ohrringe aus?

Was erwarten Sie? Kann Ilka wirklich die Farbe bestimmen, obwohl sie nur die Ohrringe der anderen drei Mädchen sieht? Verfolgen wir ihre Gedanken im Verlaufe des Spieles.

Nachdem Sebastian die Ohrringe verteilt hat, stellt Ilka alle Möglichkeiten, Paare von Ohrringen auszuwählen, zusammen. Als nach der ersten Minute noch keines der Mädchen die Farbe bestimmen kann, überlegt sie sich, daß die ersten beiden Varianten entfallen (Abb. 25).

Abb. 25

Sonst hätte wenigstens eines der Mädchen die beiden roten Ohrringe gesehen und damit nach der ersten Minute gewußt, daß es selbst nur weiße haben kann. „Also", denkt Ilka, „ist höchstens ein roter Ohrring im Spiel." Weiter sagt sie sich: „Ich sehe keinen roten Ohrring. Falls ich selbst einen roten trage, so sehen Franziska, Susanne und Katja diesen. Da sie klug sind, müssen sie in diesem Falle nun wissen, daß Sebastian ihnen weiße gab, denn der Fall zweier roter Ohrringe ist bereits ausgeschlossen." Sie wartet gespannt auf die Antwort der anderen. Aber nach der zweiten Minute kann noch immer keines der Mädchen die Farbe seiner Ohrringe bestimmen. „Also haben wir alle nur weiße Ohrringe!", denkt Ilka und sagt es sofort. Sie war die schnellste und löste das Rätsel nach der dritten Minute. Die anderen kamen einen Augenblick später zum gleichen Resultat.

Die kluge Ilka könnte nicht nur schnell, sondern auch kühn gewesen sein. Sie will unbedingt gewinnen und riskiert es, gleich in der ersten Minute zu rufen: „Ich habe zwei weiße Ohrringe!" Glauben Sie, daß dies vernünftig ist?

Ilka hat es sich gut überlegt: Ein Mädchen, das einen oder gar zwei rote Ohrringe hat, kommt mit einer risikofreien Antwort sowieso immer später als die anderen Mädchen an.

Auch im folgenden Spiel kann jeder auf das richtige Denken der anderen vertrauen und während des Spielverlaufs unmögliche Varianten ausschließen.

▲ Knobelaufgabe 8: Ilka fordert jetzt Franziska, Katja und Sebastian auf, drei natürliche Zahlen zu erraten, deren Produkt 900 ist. Dabei verrät sie an Franziska die mittlere und an Katja die größte dieser Zahlen. Das Spiel verläuft so:

Katja fragt Franziska: Kennst du die Zahlen? Franziska: Nein!

Franziska fragt Katja: Kennst du die Zahlen? Katja: Nein!

Katja fragt Franziska: Kennst du die Zahlen? Franziska: Nein!

Franziska fragt Katja: Kennst du die Zahlen? Katja: Nein!

Katja fragt Franziska: Kennst du die Zahlen? Franziska: Ja!

Nun freuen sich auch Katja und Sebastian und rufen jeder: Ich kenne sie auch!

Welche Zahlen verriet ihnen Ilka, und wie fanden die drei die Lösung dieses Denkspiels?

Wollen Sie noch weitere logische Denksportaufgaben kennenlernen? Auf recht unterhaltsame Art sind sie in [6], [14], [39] beschrieben. Viel Spaß!

5. Ganzzahlig, aber nicht einfach

Drei Hamster und eine Maus treffen sich zum Schmaus

Die Hamster Knabberzähnchen, Goldfellchen und Weißbrüstchen haben einen Haufen Weizenkörner gesammelt, den sie am nächsten Tag untereinander aufteilen wollen.

Nachts wacht Knabberzähnchen auf und beschließt, sich seinen Teil schon beiseite zu legen. Es teilt die Weizenkörner in drei gleich große Haufen auf. Ein Korn bleibt dabei übrig. Mäuschen Piep, das gerade aus seinem Loch gekommen ist, holt sich dieses Korn. Nachdem Knabberzähnchen seinen Anteil versteckt hat, legt es die anderen Weizenkörner wieder zu einem Haufen zusammen und schläft weiter. Jetzt aber wacht Goldfellchen auf und beschließt ebenfalls, sich seinen Anteil schon zu nehmen. Auch diesmal bleibt ein Korn für Piep übrig. Nachdem Goldfellchen wieder eingeschlafen ist, wacht Weißbrüstchen auf, teilt den noch vorhandenen Haufen in drei gleiche Teile, wobei wiederum ein Weizenkorn für Piep übrigbleibt. Weißbrüstchen nimmt sich einen Teil und legt die anderen beiden wieder zu einem Haufen zusammen.

Am nächsten Morgen beschließen die drei mißtrauischen Hamster, den Resthaufen zu teilen. Wieder ergeben sich drei gleiche Teile und ein Korn für Piep.

Martin hört von dieser Geschichte und fragt sich: Wieviel Weizenkörner enthielt der Haufen am Abend vorher? Wieviel Weizenkörner hatte jeder der drei Hamster am Morgen nach der letzten Teilung?

x sei die Anzahl der von allen gesammelten Weizenkörner; und u, v, w seien die Anzahlen der Körner, die sich jeweils Knabberzähnchen, Goldfellchen und Weißbrüstchen nachts zurücklegen; y sei die Anzahl der Körner, die jeder bei der morgendlichen Teilung erhält.

Der Kornhaufen wurde insgesamt viermal aufgeteilt. Wir erhalten dabei der Reihe nach folgende vier Gleichungen:

$$x = 3u + 1,$$
$$2u = 3v + 1,$$
$$2v = 3w + 1,$$
$$2w = 3y + 1.$$

Lösen wir die letzte Gleichung nach w auf und setzen sie in die vorletzte ein usw., so erhalten wir schließlich

$$8x = 81y + 65.$$

Nach Division durch 8 lautet die Gleichung

$$x = 10y + 8 + \frac{1}{8}(y + 1).$$

Damit x ganzzahlig wird, muß $y + 1$ ein Vielfaches von 8 sein. Entsprechend der Aufgabenstellung soll außerdem $x > 0$ und $y > 0$ gelten. Die kleinste mögliche Lösung erhalten wir für $y = 7$. Dann ist $x = 79$. Weitere Lösungen bekommen wir, wird $y = 15, 23, 31, \ldots$ gesetzt. Für die Größe des gesamten Haufens ergibt sich in diesen Fällen $x = 160$, 241, 322, ... Wir wollen annehmen, daß die drei Hamster 79 Weizenkörner sammelten. Dann haben am Ende Knabberzähnchen 33, Goldfellchen 24 und Weißbrüstchen 18 sowie Piep 4 Körner.

Mit nur drei Hamstern hat Martin die Lösung dieser Aufgabe schnell herausbekommen. Wie groß wird der Kornhaufen bei n Hamstern, wenn wieder bei jeder Teilung Mäuschen Piep ein Korn erhält?

In diesem Falle erhalten wir die Gleichung

$$(n - 1)^n \cdot x = n^{n+1} \cdot y + (n - 1)^n + (n - 1)^{n-1} \cdot n$$
$$+ (n - 1)^{n-2} \cdot n^2 + \ldots + (n - 1) \cdot n^{n-1} + n^n.$$

Benutzen wir die Formel

$$\frac{a^{k+1} - b^{k+1}}{a - b} = a^k + a^{k-1} \cdot b + \ldots + a \cdot b^{k-1} + b^k$$

$(a, b \geqq 0, a \neq b)$,

so können wir dafür kürzer schreiben

$$(n-1)^n \cdot x = n^{n+1} \cdot y + n^{n+1} - (n-1)^{n+1}$$

oder

$$x = \frac{n^{n+1}}{(n-1)^n} \cdot (y+1) - (n-1).$$

$y + 1$ muß also ein natürliches Vielfaches von $(n-1)^n$ sein, d. h., $x = k \cdot n^{n+1} - (n-1)$, $k = 1$, 2, …, Weizenkörner haben n Hamster und ein Mäuschen aufgehäuft.

Auf EULERS Spuren

Mit Aufgaben dieser Art, die auf Gleichungen führen, für die ganzzahlige Lösungen gesucht werden, beschäftigte man sich schon vor Jahrhunderten, und sie tauchen in vielen alten Rechenbüchern auf.

Martin findet zahlreiche solche Aufgaben im zweiten Teil von L. EULERS „Vollständiger Anleitung zur Algebra" [9], die 1770 in Petersburg erstmals erschien. Wir wollen daraus die nächsten Aufgaben entnehmen und sie ähnlich wie EULER lösen, der schrieb, daß die Lösung derartiger Aufgaben „oft ganz besondere Kunstgriffe erfordert, und sehr zur Belehrung der Anfänger sowie zur Ausbildung ihrer Fertigkeit im Rechnen dient."

▲ Knobelaufgabe 9: „Man suche zwei Zahlen, die so beschaffen sind, daß, wenn ihre Summe zu ihrem Producte addirt wird, 79 herauskommt."

Im Wirtshaus

„30 Personen, Männer, Frauen und Kinder, geben in einem Wirtshaus 50 Thaler aus, und zwar zahlt ein Mann 3 Th., eine Frau 2 Th. und ein Kind 1 Th.

Wie viel Männer, Frauen und Kinder sind es gewesen?"

Bezeichnen wir mit x, y, z die Anzahlen der Männer, Frauen bzw. Kinder, so erhalten wir die beiden Gleichungen:

$$x + y + z = 30,$$

$$3x + 2y + z = 50.$$

Subtrahieren wir die erste Gleichung von der zweiten, finden wir $2x + y = 20$ bzw. $y = 2(10 - x)$. Setzen wir in dieser Gleichung der Reihe nach $x = 0$, 1, …, 10, so erhalten wir alle in der Tab. 2 zusammengestellten Werte für y und z.

Tab. 2

x	0	1	2	3	4	5	6	7	8	9	10
y	20	18	16	14	12	10	8	6	4	2	0
z	10	11	12	13	14	15	16	17	18	19	20

Diese Lösung notierte übrigens auch KARL MARX, als er sich zur Entspannung mit Mathematik beschäftigte.

Viehhandel

„Jemand kauft Pferde und Ochsen, zahlt für ein Pferd 31 Thaler, für einen Ochsen aber 20 Th. und es stellt sich heraus, daß sämmtliche Ochsen 7 Th. mehr gekostet haben, als die Pferde. Wie viel Ochsen und Pferde sind es gewesen?"

Bezeichnen wir mit x die Anzahl der Pferde und mit y die Anzahl der Ochsen, so muß

$$20y = 31x + 7$$

gelten, also $y = \dfrac{31x + 7}{20} = x + \dfrac{11x + 7}{20}.$

Daher muß $11x + 7$ durch 20 teilbar sein, d. h. $20r = 11x + 7$, wobei r eine ganze Zahl sein soll.

Die letzte Gleichung führt auf $x = \dfrac{20r - 7}{11}$

$= r + \dfrac{9r - 7}{11} = r + s$ mit $11s = 9r - 7$, $r = \dfrac{11s + 7}{9}$

$= s + \dfrac{2s + 7}{9} = s + t$, also $9t = 2s + 7$. Wir verfahren mit dieser Gleichung wieder auf die gleiche Weise: $s = \dfrac{9t - 7}{2} = 4t + \dfrac{t - 7}{2} = 4t + u$, wobei $2u = t - 7$ nun erstmals ohne Entstehung eines Bruches nach der „vorhergehenden" Variablen t aufgelöst werden kann: $t = 2u + 7$. Das tritt bei jeder lösbaren Aufgabe nach endlich vielen Schritten ein [16]. Aus diesen Gleichungen erhalten wir der Reihe nach:

$t = 2u + 7$,
$s = 4t + u = 9u + 28$,
$r = s + t = 11u + 35$,
$x = r + s = 20u + 63$,
$y = x + r = 31u + 98$.

Die kleinsten positiven Zahlen für x und y finden wir daraus für $u = -3$, nämlich $x = 3$, $y = 5$. Weitere Möglichkeiten sind $x = 23, 43, 63, 83, \ldots$ bzw. $y = 36, 67, 98, 129, \ldots$

▲ Knobelaufgabe 10: „Ein Amtmann kauft Pferde und Ochsen zusammen für 1770 Thaler. Er zahlt für ein Pferd 31 Th., für einen Ochsen aber 21 Th. Wie viel Pferde und Ochsen sind es gewesen?"
Und noch einmal wollen wir mit Vieh handeln.
„Jemand kauft 100 Stück Vieh für 100 Thaler, und zwar 1 Ochsen für 10 Th., 1 Kuh für 5 Th., 1 Kalb für 2 Th., 1 Schaf für $\frac{1}{2}$ Th. Wie viel Ochsen, Kühe, Kälber und Schafe sind es gewesen?"
Die Zahl der Ochsen, Kühe, Kälber bzw. Schafe sei p, q, r bzw. s. Wir erhalten dann die beiden Gleichungen

$p + q + r + s = 100$,

$10p + 5q + 2r + \dfrac{1}{2}s = 100$,

multiplizieren die letzte Gleichung mit 2 und subtrahieren davon die erste. Das ergibt

$19p + 9q + 3r = 100$.

Daraus bekommen wir $3r = 100 - 19p - 9q$ oder $r = 33 - 6p - 3q + \dfrac{1 - p}{3}$. Folglich muß $1 - p$ durch 3 teilbar sein.
Für $p - 1 = 3t$ erhalten wir

$p = 3t + 1$,
$r = 27 - 19t - 3q$,
$s = 72 + 2q + 16t$.

Da $r \geq 0$ sein soll, muß $19t + 3q \leq 27$ gelten. Aus $p \geq 0$ folgt $t \geq 0$, und aus $q \geq 0$ folgt $t \leq 1$.
Setzen wir $t = 0$, so wird $p = 1$, $r = 27 - 3q$, $s = 72 + 2q$. Wegen $r \geq 0$ darf q nicht größer als 9 sein. Nun finden wir leicht die in Tab. 3 angegebenen Lösungen.

Tab. 3

p	1	1	1	1	1	1	1	1	1	1
q	0	1	2	3	4	5	6	7	8	9
r	27	24	21	18	15	12	9	6	3	0
s	72	74	76	78	80	82	84	86	88	90

Für $t = 1$ wird $p = 4$, $r = 8 - 3q$, $s = 88 + 2q$. In diesem Fall darf q nicht größer als 2 sein. Wir erhalten dann die drei Lösungen aus Tab. 4.

Tab. 4

p	4	4	4
q	0	1	2
r	8	5	2
s	88	90	92

Insgesamt haben wir damit alle dreizehn möglichen Lösungen gefunden.

Gleichungen mit ganzzahligen Koeffizienten und mit zwei oder mehr Unbekannten, bei denen man alle ganzzahligen Lösungen sucht, heißen *diophantische Gleichungen*, benannt nach dem griechischen Mathematiker DIOPHANTOS aus Alexandria (der vermutlich zwischen 150 und 350 u. Z. gelebt hat).

Die Ermittlung aller Lösungen einer diophantischen Gleichung ist zuweilen ein sehr schwieriges Problem, und wir haben keine allgemeine Methode zur Verfügung, um damit jede solche Gleichung anpacken zu können. Trotz jahrhundertelanger Bemühungen sind auch heute noch einige Fragen dieser Theorie ungeklärt. Manche diophantischen Gleichungen haben endlich viele, manche sogar unendlich viele Lösungen, und es gibt auch welche, die keine einzige Lösung haben. Nicht immer gelingt es, überhaupt herauszufinden, welcher dieser Fälle vorliegt.

Für bestimmte Gleichungen gibt es aber bereits Verfahren, wie man entweder Lösungen in ganzen Zahlen finden kann oder feststellt, daß keine Lösungen existieren. Das ist z. B. für Gleichungen ersten Grades mit zwei Unbekannten

$$ax + by + c = 0,$$

wobei a, b und c ganze Zahlen sind, nicht schwierig. Sie sind genau dann lösbar, wenn c durch den größten gemeinsamen Teiler von a und b teilbar ist. Bei lösbaren Gleichungen dieses Typs können wir deshalb ohne Einschränkung voraussetzen, daß a und b teilerfremd sind.

Eine Methode, um nun eine Lösung zu finden, ist das Eulersche Reduktionsverfahren, das wir hier aber nicht näher beschreiben wollen. (Bei unseren Beispielen sind wir nach diesem Algorithmus vorgegangen.)

Ist x_0, y_0 irgendein Lösungspaar, dann liefern die Formeln

$$x_k = x_0 - k \cdot b, \quad y_k = y_0 + k \cdot a,$$

wobei k eine beliebige ganze Zahl ist, *alle* Lösungen der obigen Gleichung.

Ist x_0, y_0 eine Lösung, so muß nämlich $ax - ax_0$

$+ by - by_0 = 0$ gelten, d. h. $y - y_0 = \dfrac{a(x_0 - x)}{b}$. Da a und b teilerfremd sein sollten, muß $x_0 - x$ durch b teilbar sein, also $x_0 - x = k \cdot b$ mit ganzzahligem k. Daraus folgt $y - y_0 = k \cdot a$, und wir erhalten $x = x_0 - k \cdot b$, $y = y_0 + k \cdot a$. Umgekehrt erkennen wir leicht, daß alle so gebildeten Zahlenpaare Lösungen darstellen.

Suchen wir wie bei unseren Beispielen nur Lösungen, die nicht negativ sind, so erhalten wir genau dann unendlich viele Lösungen, wenn a und b verschiedene Vorzeichen haben. Anderenfalls kann es sogar passieren, daß die Aufgabe unlösbar ist, z. B. die Gleichung $10x + 15y = 5$.

Wollen Sie mehr über die Lösung von diophantischen Gleichungen wissen, dann schauen Sie doch einmal in [16] hinein.

Eine „wässerige" Angelegenheit

Martin ist allein im Zeltlager zurückgeblieben. Er sitzt am Lagerfeuer, Mittag naht heran. Um sich eine Suppe kochen zu können, muß er die Wassermenge von einem Liter abmessen. Dafür steht ein mit Trinkwasser gefüllter 20-l-Vorratsbehälter bereit. Außerdem hat er zwei kleinere Krüge, sieben bzw. neun Liter fassend, zur Verfügung. Wird es ihm gelingen, nur durch wiederholtes Umfüllen mit diesen drei Behältnissen einen Liter Wasser in einem der drei Gefäße zu erhalten?

Um nicht unnötig Wasser zu vergießen, macht sich Martin sein Vorgehen zuerst an einem Schema klar (Abb. 26). In diesem Rechteck mit Seitenlängen 7 und 9 ist jeder Punkt durch den Füllstand der beiden Krüge gekennzeichnet. Zu Beginn sind beide leer: (0,0) – linke untere Ecke. Der größere Krug wird gefüllt (9,0), anschließend werden 7 l davon in den kleineren Krug umgefüllt (2,7) und in den Vorratsbehälter zurückgegossen (2,0). Nun kommen die restlichen zwei Liter in den 7-l-Krug (0,2), und

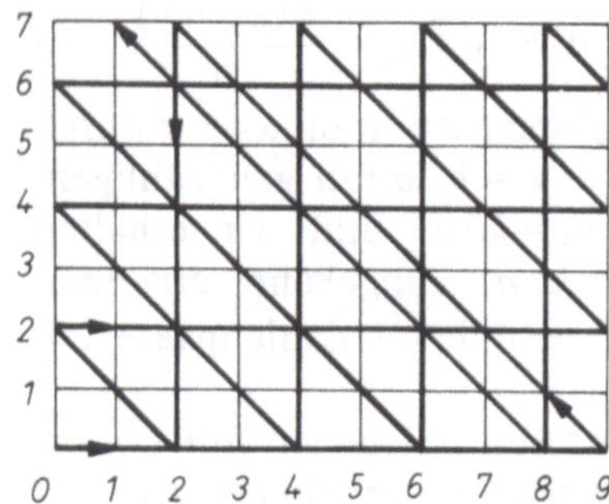

Abb. 26

der andere Krug wird erneut gefüllt (9,2). Die folgenden Flüssigkeitsverteilungen lassen sich in Abb. 26 verfolgen. Nach acht Umfüllungen vom größeren in den kleineren Krug verbleibt ein Liter Wasser im 9-l-Krug. Martin kann mit dem Kochen beginnen.

Selbstverständlich hat Martin bemerkt, daß er mit seiner Methode die diophantische Gleichung

$$1 = 9m - 7n$$

mit natürlichen Zahlen m und n gelöst hat. Er weiß, daß eine solche Gleichung genau dann lösbar ist, wenn der größte gemeinsame Teiler der beiden Koeffizienten von m und n Eins ist. Er folgert also, daß sich auch jede ganzzahlige Flüssigkeitsmenge zwischen einem und neun Litern nach seiner Methode abmessen läßt. Mit Krügen, die vier bzw. sechs Liter fassen, wäre sein Vorhaben jedoch von vornherein aussichtslos gewesen.

Halbierung unmöglich

Beim Transport zur Wasserleitung passiert es: Der 20-l-Behälter geht zu Bruch! Ein neuer läßt sich erst am nächsten Tag beschaffen. Was kann Martin mit den noch im Behälter verbliebenen zwölf Litern anfangen? Läßt sich immer noch ein Liter abmessen?

Martin betrachtet erneut sein Schema. Jetzt muß er

alle Punkte ausschließen, in denen mehr als zwölf Liter Wasser im Spiel sind. Diese liegen sämtlich oberhalb der Verbindungsstrecke von (7,5) und (9,3). In Abb. 27a lassen sich alle Umfüllungen überblicken, die entstehen, wenn mit der Füllung des 9-l-Kruges begonnen wird.

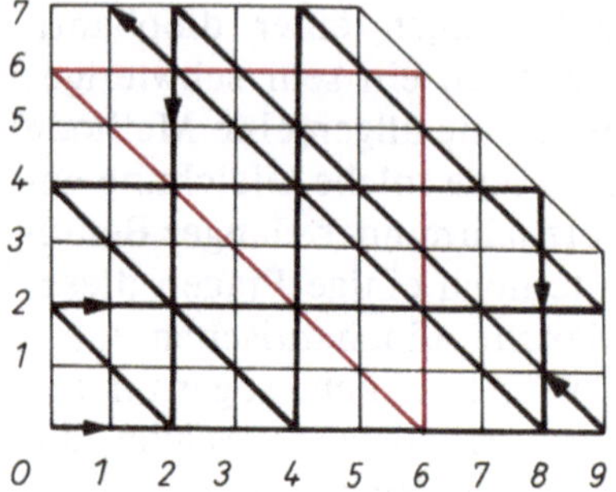

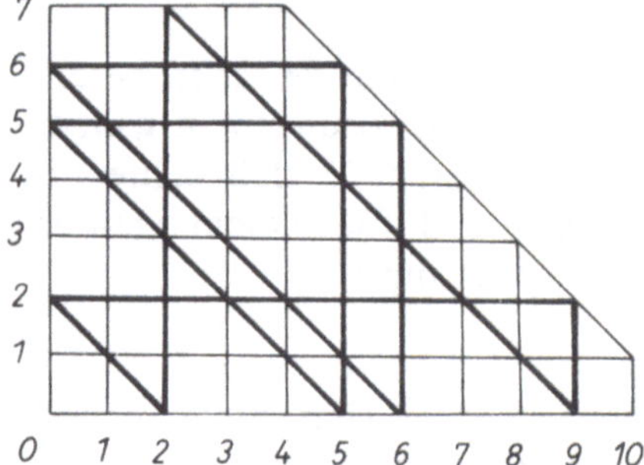

Abb. 27 a, b

Einen Liter kann er also noch abmessen, nicht mehr jedoch jede ganzzahlige Flüssigkeitsmenge zwischen einem und neun Litern. Sechs Liter in einem der beiden Krüge lassen sich im vorliegenden Fall nur gegenseitig umfüllen (rote Linie in Abb. 27a). Dieser Zustand kann somit von einem gefüllten 7-l- oder 9-l-Krug aus durch Umfüllungen allein nicht erreicht werden.

Bemerkenswerterweise ist durch Umfüllungen gerade die Halbierung einer vollen Füllung des Vorratsbehälters nicht immer möglich. Faßt der Vorratsbehälter a Liter und fassen die beiden kleineren Krüge b bzw. c Liter (a, b, c natürliche Zahlen mit $a > b > c$ und $a < b + c$), so läßt sich aus Martins Beispiel verallgemeinern, daß ein solcher Fall stets bei $a - c < \dfrac{a}{2} < b$ und $a - c < \dfrac{a}{2} < c$ entsteht. Wegen $b > c$ heißt das $a - c < \dfrac{a}{2} < c$ bzw. $a < 2c$.

Weitere nicht darstellbare Flüssigkeitsmengen r gruppieren sich um die Halbierungsmenge des Vorratsbehälters: $a - c < r < c$. Wie das Beispiel mit $a = 11$, $b = 10$, $c = 7$ (Abb. 27b) zeigt, wo durch Umfüllungen allein weder zwei noch neun Liter abmeßbar sind, gibt es auch noch andere solcher Fälle.

Wohin rollt die Kugel?

Je länger Martin die Schemata für die Umfüllungen betrachtet, desto stärker wird er an das Billardspiel erinnert. Natürlich gelten dort die Gesetze der Physik. Eine Billardkugel wird an der Bande unter dem gleichen Winkel reflektiert, unter dem sie auftraf. Martin stellt sich einen rechteckigen Billardtisch mit Seitenlängen 4 und 3 vor. In Gedanken legt er eine Kugel in eine Ecke und stößt sie im Winkel von 45° zu jeder der anliegenden Seiten ab (Abb. 28a). Angenommen, es treten keine Reibungsverluste auf, würde die Kugel unendlich lange auf dem Tisch umherrollen oder ihren Lauf in einer Ecke beenden, vielleicht sogar in der Anfangsecke? Martin nützt es wenig, daß er den Weg der Kugel auf kariertem Papier nachzeichnen kann – die Linie könnte sehr lang werden. Also müssen andere Überlegungen angestellt werden.

Von jedem Punkt des Rechtecks lassen sich Lote auf die zwei Seiten fällen, die von der Startecke der Kugel ausgehen. Jeder Punkt ist damit durch die beiden „Koordinaten", d. h. die Entfernungen der Fußpunkte der Lote zum Startpunkt der Kugel, bestimmt. Bei ganzzahligen Seitenlängen durchläuft die Kugel nur Randpunkte, deren Koordinaten selbst ganzzahlig sind. Unter diesen sind die Ecken, in denen sie ihren Lauf beendet, und Punkte auf den Seiten, in denen sie im Winkel von 45° auftrifft und wieder reflektiert wird (Abb. 28b). Diese Situation entspricht der eines Hauses mit vier Eingängen

von außen, in dem jedes Zimmer nur zwei Türen (zu unterschiedlichen Nachbarräumen oder nach außen) besitzt (Abb. 28c). Betritt man dieses Haus durch eine Eingangstür, um möglichst viele Räume kennenzulernen, so verläßt man jedes Zimmer, das

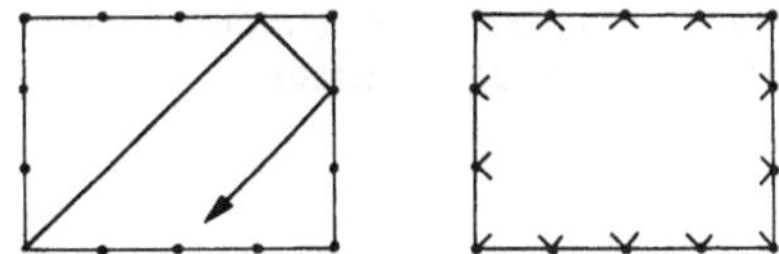

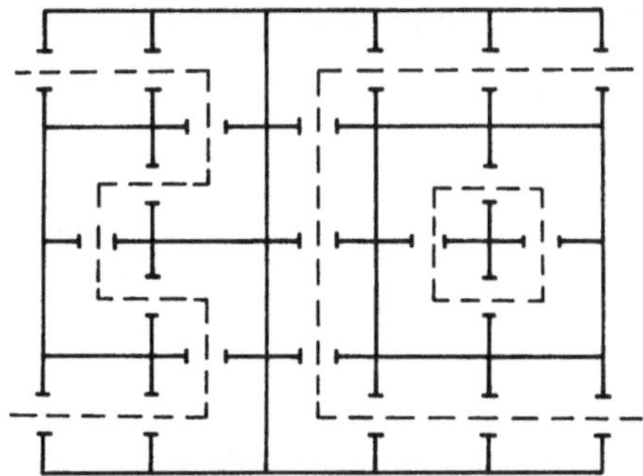

Abb. 28 a, b, c

man erreicht hat, durch die noch unbenutzte Tür. Zwangsläufig betritt man kein Zimmer mehrfach und gelangt auch sicher wieder ins Freie – durch eine Eingangstür, die nicht am Anfang gewählt wurde! Also wird die Billardkugel ihren Lauf in einer der drei anderen Ecken des Tisches beenden. Aber in welcher?

Wichtig ist die Feststellung, daß die Kugel nur Randpunkte des Tisches passieren kann, in denen die Summe der beiden Koordinaten geradzahlig ist. Im Startpunkt $(0,0)$ gilt dies. Bei jeder Bewegung um eine Einheit nach oben oder unten führt die Kugel auch eine Bewegung um eine Einheit nach rechts oder links aus. Also bleibt die Summe der Koordinaten entweder konstant oder ändert sich bei einer solchen Bewegung um 2. Damit läßt sich Tab. 5 aufstellen. Martin kann also auf seinem 4×3-Tisch davon ausgehen, daß die Kugel ihren

Tab. 5

Seitenlängen		Summe der Koordinaten in			Ankunft in
a	b	$(a, 0)$	$(0, b)$	(a, b)	
ungerade	ungerade	ungerade	ungerade	gerade	(a, b)
ungerade	gerade	ungerade	gerade	ungerade	$(0, b)$
gerade	ungerade	gerade	ungerade	ungerade	$(a, 0)$
gerade	gerade	gerade	gerade	gerade	?

Lauf in der Ecke beenden wird, die der Startecke über die längere Seite benachbart ist. Nur für den Fall, daß beide Seitenlängen geradzahlig sind, gibt Tab. 5 keine Auskunft. Wie kann Martin dann vorgehen? Zunächst gibt es eine größte gerade Zahl p, die Teiler von a und b ist, also $a = pa'$ und $b = pb'$ (a', b' – natürliche Zahlen). Wird der Test nun mit a' und b' ausgeführt, so heißt das nur, daß wir jetzt als neue Längeneinheit p Stück der alten verwenden. Die Beispiele $a = 8$, $b = 6$; $a = 64$, $b = 32$ und $a = 120$, $b = 24$ zeigen, daß alle drei anderen Ecken als Ankunftsorte auftreten können.

▲ Knobelaufgabe 11: Auf einem Billardtisch, der doppelt so lang wie breit ist, liegt eine Kugel. Sie wird so gestoßen, daß sie im Winkel von 45° auf eine Seite auftrifft. Wie verläuft ihr Weg? Von welchen Punkten aus wird sie eine der Ecken erreichen? In welche Positionen wird sie nach wie vielen Reflexionen stets wieder zurückkehren?

6. In der zwei-, drei- und vierdimensionalen Welt

Ein Traum im All

Kommandant Reiv Dim fand nach seinem Dienst in der Zentrale des Raumschiffes nur schwer Schlaf. Schweißgebadet wälzte er sich in seinem Bett; er spürte einen dumpfen Stoß, empfand um sich herum völlige Leere. Plötzlich ein zweiter Stoß – der Alptraum war vorüber. „Kommandant, wir haben soeben einen Hyperübergang vollzogen!" Durch diese Worte seines Stellvertreters Muar Chrud erwachte der Kommandant …
Was geschah während Reiv Dims Traum mit dem Raumschiff?

Aller guten Dinge sind drei

Wir wissen, daß wir in einem dreidimensionalen Raum leben. Doch was heißt das eigentlich? Nun, wir können uns in drei Grundrichtungen bewegen: nach oben/unten, nach vorn/hinten und nach rechts/links. Alle anderen Bewegungen lassen sich in diese drei Grundrichtungen zerlegen. Wenn wir einen Berg besteigen, so bewegen wir uns gleichzeitig nach vorn und nach oben; auf einer Serpentine bewegen wir uns außerdem noch abwechselnd nach rechts und links. Diese Teilbewegungen heißen Komponenten der Gesamtbewegung. Und wenn ein Eiskunstläufer eine kunstvolle Pirouette zeigt, dann durchlaufen seine ausgestreckten Arme in einer Drehbewegung alle Richtungen zwischen den Grundrichtungen vorn/hinten und rechts/links.
Frage: Können wir eine Bewegung in eine der drei Grundrichtungen in Komponenten nach den beiden anderen zerlegen? (Nachdenken! Antwort nochmals durchdenken! Weiterlesen!)
Nein, das geht nicht! Wie wir uns auch nach vorn, hinten, rechts und links bewegen, nie werden wir dabei nach oben oder unten gelangen. Und genau das ist das besondere Merkmal der drei Grundrichtungen: sie sind unabhängig voneinander. Jede dieser drei Grundrichtungen steht senkrecht auf jeder der beiden anderen; sie bilden ein rechtwinkliges *Koordinatensystem* des dreidimensionalen Raumes. Jeder Punkt dieses Raumes läßt sich dann durch die Angabe seiner drei Koordinaten beschreiben. Sehr gut erkennt man ein solches Koordinatensystem – sozusagen von innen – an einer Zimmerecke oder – von außen – an der Ecke eines Ziegelsteines. Wenn wir unsere Umgebung aufmerksam betrachten, so finden wir noch viele derartige „Dreibeine": An der „Ecke" eines Fußballfeldes bilden die verlängerte Torlinie, die Seitenlinie und die Eckfahne ein rechtwinkliges Koordinatensystem; bei einer Dreiseitensperrung stellen die beiden Arme und der Körper des Verkehrspolizisten ein Dreibein dar. Sicher können Sie mit Ihren Freunden noch mehr solche Beispiele zusammentragen.

Was wäre, wenn …

… unser Raum nur über zwei unabhängige Grundrichtungen verfügen würde? Versuchen wir doch einmal, uns eine solche Welt vorzustellen. Natürlich kann dann kein Körper mehr drei Ausdehnungen – Länge, Breite und Höhe – haben, da diese Eigenschaft aller uns umgebenden Dinge ja gerade die drei Grundrichtungen erfordert. Eine Welt mit nur zwei Grundrichtungen ist also eine Flachwelt. Das gesamte Leben spielt sich in einer Ebene ab, so wie sie etwa diese Buchseite darstellt. Die Flachmenschen (stellen Sie sich darunter einfach die Buchstaben dieser Seite vor) haben die Möglichkeit, sich nach vorn und hinten – entlang einer Zeile – oder nach oben und unten – von einer

Zeile in die andere – zu bewegen. Natürlich können sie auch zwei solcher Bewegungen kombinieren und sich sogar in der Ebene drehen. Wenn sich zum Beispiel der Flachmensch b um 180° um seinen Fußpunkt dreht und dann noch etwas nach oben rückt, wird aus ihm ein q.

Frage: Welche Bewegungen muß der Flachmensch b ausführen, um ein d zu werden?

Wenn Sie b lange genug in der Ebene verschoben und gedreht und immer noch keine Lösung gefunden haben, dann können Sie die Versuche beenden: es ist nicht möglich. Herr b müßte schon seinen Bauch für kurze Zeit aus der Ebene herausklappen, doch gerade das ist ihm nicht vergönnt; er kann nun einmal seine flache Welt nicht verlassen. Allerdings können wir diesen Durchgang durch die dritte Dimension mit Hilfe eines kleinen Tricks (zumindest scheinbar) umgehen: Stellen wir neben Herrn b einen Spiegel, dann erscheint er in der gespiegelten Flachwelt (die natürlich nur eine Scheinwelt ist) als d (vergleiche auch [14]).

Vom Leben der Flachmenschen

Je länger wir nachdenken, um so kurioser erscheint uns das Leben in einer Flachwelt. Kann etwa Herr A beim Laufen ein Bein vor das andere setzen? Nein, er ist gezwungen zu hüpfen oder zu rollen, was natürlich Frau O viel besser kann. Aber wenn sie es eiliger als Herr A hat, dann muß auch sie hüpfen können – wie sollte sie ihn sonst überholen. Welches Durcheinander muß erst auf einer Flachstraße (nehmen wir die erste Zeile dieser Seite) herrschen, wenn alle Vokale von rechts nach links und alle Konsonanten in die andere Richtung wollen. Von den Strapazen bei einem „gemütlichen" Waldspaziergang ganz zu schweigen (Abb. 29)! Hätten Sie vermutet, daß eine fehlende Dimension solche Auswirkungen hat? Wenn nicht, dann stellen Sie sich doch einmal folgende Dinge in der Flach-

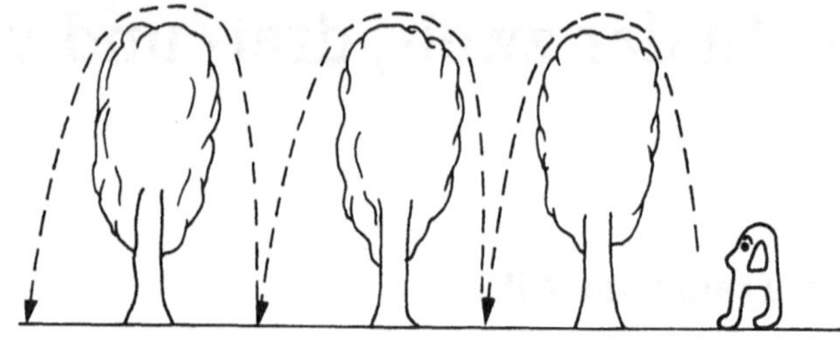

Abb. 29

welt vor: Drehmaschine, Schere, Halskette, Trinkröhrchen, Quirl … Und sicher werden Sie und Ihre Freunde auch Spaß an einem kleinen Erfinderwettbewerb haben: Wer erfindet das beste (funktionsfähige!) Flach-Fahrrad?

Darf es auch mehr sein?

Die Vorstellung von einer Welt mit nur zwei Dimensionen bereitete uns eigentlich keine allzu großen Schwierigkeiten. Ist denn nun aber auch eine Welt mit vier unabhängigen Grundrichtungen möglich? Auf diese Frage gibt es zwei Antworten. Die erste ist die, daß ein solcher Raum für uns nicht anschaulich vorstellbar ist. Da unser Anschauungsvermögen auf der dreidimensionalen Welt beruht, können wir uns bildlich nicht vorstellen, daß durch einen Punkt des Raumes vier jeweils aufeinander senkrecht stehende Richtungen verlaufen. Aber der Mensch ist durchaus in der Lage, über Dinge nachzudenken, die seine Vorstellungskraft übersteigen. Denn auch ein vierdimensionaler Raum, das ist die zweite Antwort auf unsere Frage, ist abstrakt denkbar. Wir stoßen auf keine logischen Widersprüche, wird verlangt, daß sich jeder Punkt eines Raumes in vier voneinander unabhängige Grundrichtungen bewegen kann. Eine beliebige Bewegung läßt sich dann eben in vier Komponenten zerlegen, jeder Körper dieses Raumes hat vier Ausdehnungen, jeder Punkt läßt sich durch vier Koordinaten beschreiben usw. Und genauso wie wir aus dem Flachmenschen b nach einer Drehung im dreidimensionalen Raum dessen Spiegelbild d erhalten, können wir einen rechten Schuh in einen linken verwandeln, wenn ..., ja wenn wir ihn kurzzeitig im vierdimensionalen Raum „drehen". Aber hier beginnt nun schon wieder die Utopie!

Natürlich sind auch Räume mit 5, 26 oder 478 Dimensionen denkbar. Jeder Mathematikstudent lernt heute bereits in den ersten Wochen seines Studiums solche mehrdimensionalen Räume kennen und sie bei der Lösung zahlreicher mathematischer und physikalischer Probleme anzuwenden. So ist zum Beispiel jede Lösung $(x_1, x_2, x_3, x_4, x_5)$ eines Gleichungssystems mit 5 Unbekannten ein Punkt des fünfdimensionalen Raumes; die Menge aller Lösungen bildet dann einen „Unterraum" dieses Raumes.

Für starke Gemüter: Die Mathematik zeigt nicht einmal Respekt vor Räumen mit unendlich vielen Dimensionen!

Eine runde Sache

Einer der einfachsten, aber auch interessantesten Körper unseres dreidimensionalen Raumes ist die Kugel. Mathematisch läßt sie sich erklären als Menge aller Punkte, die von einem gegebenen festen Punkt M (Mittelpunkt) höchstens den Abstand r (Radius) haben. Zahlreiche Dinge unseres Lebens sind, zumindest angenähert, kugelförmig. Und das ist kein Zufall. So ist die Kugel der einzige Körper, der in allen Punkten seiner Oberfläche die gleiche Krümmung hat, also „gleichmäßig rund" ist. Deshalb finden wir Kugeln z. B. in Kugellagern oder als Bälle. Eine andere wichtige Eigenschaft: Die Kugel ist derjenige Körper, der bei gegebener Oberfläche O das größte Volumen V einschließt; deshalb haben z. B. die Vorratsbehälter auf Wassertürmen oft die Form einer Kugel. Wir kennen auch die mathematischen Formeln für diese Größen:

$$V = \frac{4}{3}\pi r^3, \qquad O = 4\pi r^2.$$

Wie sieht denn nun eine „Flachkugel", also eine Kugel des zweidimensionalen Raumes, aus? Sie ist die Menge aller Punkte einer Ebene, die von M höchstens den Abstand r haben, also ein Kreis. Das „zweidimensionale Volumen" V_2 dieser Flachkugel ist offenbar nichts anderes als der Kreisinhalt, und die „Oberfläche" O_2 der Flachkugel entspricht dem Kreisumfang:

$$V_2 = \pi r^2, \qquad O_2 = 2\pi r.$$

Genauso wie die dreidimensionale Kugel ist der Kreis derjenige Flachkörper, dessen Rand in allen Punkten die gleiche Krümmung hat und der bei gegebener Oberfläche (Umfang) das größte Volumen (Inhalt) hat (siehe Kap. 8). Wir wissen auch, daß bei senkrechter Parallelprojektion einer Kugel auf eine Ebene das Bild gerade ein Kreis ist, also eine Flachkugel.

Verzichten wir nun auf unsere Anschauung und begeben wir uns in die vierdimensionale Hyperwelt. Natürlich ist eine Hyperkugel die Menge aller Punkte des vierdimensionalen Raumes, die von M höchstens den Abstand r haben. Versuchen Sie bitte nicht, sich das bildlich vorzustellen – Sie wissen ja, daß es nicht möglich ist. Aber: Bei senkrechter Parallelprojektion einer Hyperkugel in unseren dreidimensionalen Raum ist das Bild eine Kugel. Unser Tischtennisball ist also nichts anderes als eine solche Projektion einer Hyperkugel.

Sicher können Sie sich nun auch schon denken, daß die Hyperkugel derjenige vierdimensionale Körper ist, dessen Rand in allen Punkten die gleiche Krümmung hat und der bei gegebener „Oberfläche" O_4 das größte „Volumen" V_4 einschließt. Die höhere Mathematik liefert sogar Formeln für diese Größen:

$$V_4 = \frac{1}{2}\pi^2 r^4, \qquad O_4 = 2\pi^2 r^3.$$

Berechnen Sie doch einmal für eine zwei-, drei- und vierdimensionale Kugel das Verhältnis von Volumen und Oberfläche! Welche Vermutung würden Sie daraus für das entsprechende Verhältnis einer n-dimensionalen Kugel ableiten?

Hypermensch, ärgere Dich nicht!

Für dieses beliebte Gesellschaftsspiel benötigen die Hypermenschen natürlich einen Hyperwürfel. Und wieviel Zahlen können sie damit „hyperwürfeln"? Nun, genauso wie die 6 Seitenflächen unseres dreidimensionalen Würfels durch drei Paare jeweils gegenüberliegender Quadrate (Flachwürfel) entstehen, setzt sich ein vierdimensionaler Würfel aus vier Paaren jeweils gegenüberliegender Würfel zusammen, d. h., er hat 8 „Seitenwürfel". Das Hypermensch-ärgere-Dich-nicht-Spiel ist also noch unterhaltsamer als unser dreidimensionales.

Wir wollen einmal versuchen, uns die Anordnung und gegenseitige Lage dieser 8 Seitenwürfel zu verdeutlichen, was natürlich nur im dreidimensionalen Raum möglich ist. Zunächst überlegen wir uns, wie das entsprechende Problem für einen dreidimensionalen Würfel im zweidimensionalen Raum gelöst werden kann. Dazu schneiden wir den Würfel an den vier senkrechten Kanten sowie an drei Kanten der Deckfläche auf und klappen die Seitenflächen nacheinander in die Ebene um. Die so entstandene Figur (Abb. 30 a) heißt ein Netz des Würfels.

Umgekehrt entsteht aus diesem zweidimensionalen Netz der Würfel, wenn wir die Flächen in den dreidimensionalen Raum hineinklappen; die Flächen mit jeweils gleicher Zahl gehen dabei in gegenüberliegende Seiten des Würfels über. Völlig analog erhalten wir auch ein dreidimensionales Netz eines vierdimensionalen Würfels (Abb. 30 b). Es besteht

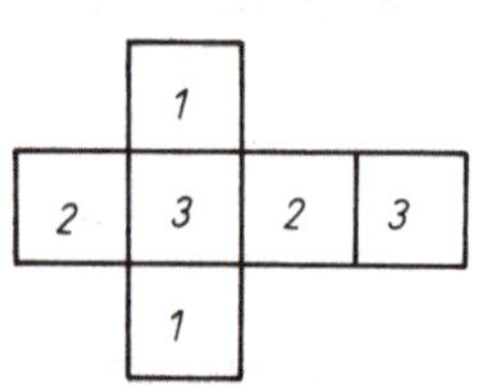
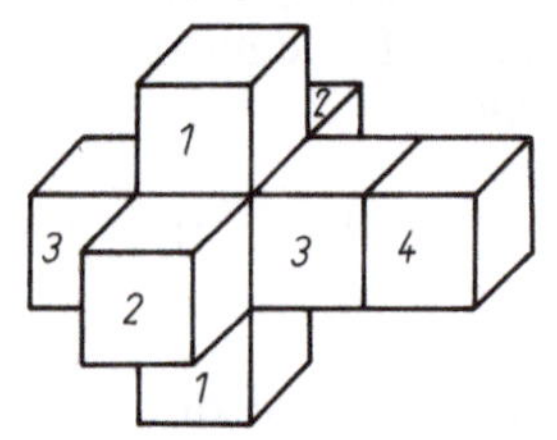

Abb. 30 a, b

aus sieben sichtbaren und dem im Inneren des Kreuzes liegenden achten Würfel, zu dem die

Zahl 4 gehört. Der Hyperwürfel entsteht nun einfach durch Hineinklappen dieser Würfel in den vierdimensionalen Raum ...

▲ Knobelaufgabe 12: Wieviel Ecken hat ein Hyperwürfel? (Überlegen Sie zunächst, wie man aus der Eckenzahl eines Flachwürfels die eines dreidimensionalen Würfels ableiten kann!)

Zu jeder Ecke eines Würfels (beliebiger Dimension) gibt es genau eine gegenüberliegende Ecke. Die Verbindungsstrecke solcher Ecken heißt Raumdiagonale; sie verläuft vollständig im Inneren des Würfels. Für einen Flachwürfel mit der Kantenlänge a können wir die Länge d_2 der Raumdiagonalen nach dem Lehrsatz des PYTHAGORAS sehr einfach berechnen (Abb. 31 a):

$$d_2^2 = a^2 + a^2 = 2a^2, \quad \text{also} \quad d_2 = a\sqrt{2}.$$

Um die Länge d_3 der Raumdiagonalen eines dreidimensionalen Würfels zu berechnen, ergänzen wir diese durch eine senkrechte Kante und eine Diagonale der Grundfläche (die ja die Länge d_2 hat) zu einem rechtwinkligen Dreieck (Abb. 31 b).

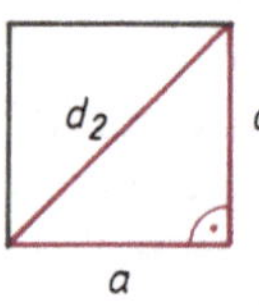
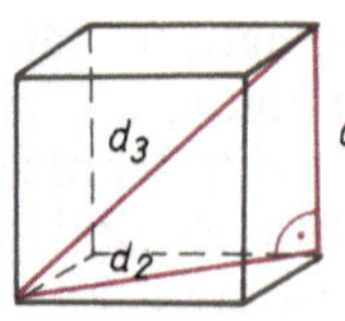

Abb. 31 a, b

Nun wenden wir wieder den Satz des PYTHAGORAS an, d. h., es gilt

$$d_3^2 = d_2^2 + a^2 = 2a^2 + a^2 = 3a^2, \quad \text{also} \quad d_3 = a\sqrt{3}.$$

Und für den Hyperwürfel wird die Raumdiagonale durch eine Kante und eine Diagonale des „Grundwürfels" zu einem rechtwinkligen Dreieck ergänzt, d. h., wir erhalten

$$d_4^2 = d_3^2 + a^2 = 3a^2 + a^2 = 4a^2, \quad \text{also} \quad d_4 = a\sqrt{4} = 2a.$$

Sollten Sie jetzt vermuten, daß für einen n-dimensionalen Würfel die Formel $d_n = a\sqrt{n}$ gilt, so haben Sie recht.

Legen Sie bitte auf eine Flachwelt eine (dreidimensionale) Kugel. Wenn Sie jetzt einen beliebigen Punkt P der Flachwelt mit dem höchsten Punkt dieser Kugel verbinden, dann durchstößt die Verbindungsstrecke die Kugeloberfläche in genau einem Punkt P'. Auf diese Weise gelingt es, die gesamte Flachwelt auf die Kugeloberfläche abzubilden; man nennt das Einbettung der Flachwelt in einen dreidimensionalen Raum. Eine Flachwelt muß also gar nicht eben, sie kann auch gekrümmt sein. Und wenn der Radius der Kugel sehr, sehr groß ist, dann spüren die Flachmenschen diese Krümmung nicht einmal; trotzdem läßt sie sich nachweisen (z. B. ist die Summe der Innenwinkel eines Dreiecks auf der Kugeloberfläche stets größer als 180°).

Ein Bewohner dieser gekrümmten Flachwelt gelangt natürlich nur von einem Ort zu einem anderen, indem er sich auf der Kugeloberfläche bewegt. So verlockend es auch sein mag, die „Abkürzung" durch das Innere der Kugel zu wählen – dieser Bereich gehört nun einmal nicht zu seiner Welt; ja er kann sich nicht einmal vorstellen, daß es einen solchen Weg gibt.

Auf genau die gleiche Weise ist es theoretisch auch möglich, einen dreidimensionalen Raum auf die Oberfläche einer Hyperkugel abzubilden, d. h. ihn in einen vierdimensionalen Raum einzubetten. Mehr noch: die Mehrzahl der Naturwissenschaftler (und auch der Philosophen) ist heute der Meinung, daß unser Weltall tatsächlich eine solche Struktur hat![1] Die Möglichkeit, in diesem Falle einen Weltraumflug durch das Innere der Hyperkugel abzukürzen, bezeichnet man als Hyperübergang – und einen solchen vollzog Reiv Dims Raumschiff zu Beginn dieses Kapitels. Da aber ein Hyperübergang nichts anderes bedeutet, als unsere Welt für einige Zeit zu verlassen, soll er für immer dort bleiben, wo er hingehört: im Reich der Utopie.

---

[1] Ein Beweis für diese Hypothese (z. B. durch Messen der Innenwinkel in einem sehr großen Dreieck) konnte allerdings noch nicht erbracht werden.

7. Auf dem Parkett

Acht Damen fordern ihr Recht

Schach und matt – Falk hat schon wieder verloren! Kunststück, wo sein Gegner doch einen Bauern eintauschen konnte und mit zwei Damen der Weg zum Sieg leicht war. Selbst müßte er alle seine acht Bauern in Damen verwandeln können … Aber so einfach geht das wohl nicht. Vor allem heute nicht mehr, denn für eine Revanche ist es zu spät. Beim Einschlafen denkt er immer noch an seine Idee, mit acht Damen das ganze Schachbrett beherrschen zu können, und dann im Traum passiert es: Zwischen den Damen bricht ein Streit aus. Keine will sich von einer anderen bedroht sehen, also weder in der gleichen Reihe (Zeile oder Spalte) noch in der gleichen Diagonalen mit einer anderen stehen. Ein wüstes Gedränge entsteht, nur unterbrochen vom Rasseln des Weckers. Den ganzen Tag über vergißt Falk dieses Gerangel nicht; abends beschließt er, über das Problem systematisch nachzudenken.

Damen schlagen waagerecht und senkrecht wie Türme, außerdem schräg wie Läufer. Also darf zunächst in jeder Zeile und Spalte des Schachbretts nur eine von ihnen stehen. Für die erste gibt es 8 Möglichkeiten, für die zweite noch 7 usw. Insgesamt sind das $8 \cdot 7 \cdot 6 \cdot … \cdot 2 \cdot 1 = 8! = 40\,320$ Möglichkeiten. Falk schreibt eine solche Möglichkeit auf, indem er von links nach rechts (die Schachspieler bezeichnen die Spalten mit a, b, …, h) die Zeilen (1, 2, …, 8) notiert, in der die Damen stehen, also:

a3, b5, c2, d8, e1, f6, g4, h7 entspricht 3528 1647.

Doch unter diesen Stellungen sind gewiß solche, bei denen sich Damen wie Läufer untereinander bedrohen; in Falks Beispiel die Damen in der d- und f-Spalte. Wie kann das erkannt werden, ohne die Stellung auf dem Schachbrett aufzubauen? Hier steht eine Dame zwei Spalten weiter rechts auch zwei Zeilen tiefer. Verschieben wir nun jede Dame um so viele Zeilen nach oben, wie ihre Spaltennummer angibt, so stehen diese beiden danach in der gleichen Zeile (eventuell in einem nach oben fortgesetzten Schachbrett). Auch umgekehrt stehen jetzt nur dann zwei Damen in der gleichen Zeile, wenn sie sich schon vorher wie Läufer angriffen. Wie das im Beispiel geht, zeigt Tab. 6.

Tab. 6

Zeile	a	b	c	d	e	f	g	h
Spalte	3	5	2	8	1	6	4	7
Verschiebung	+1	+2	+3	+4	+5	+6	+7	+8
	4	7	5	12	6	12	11	15

Also bestand auch wirklich nur zwischen den Damen in der d- und f-Spalte ein Läuferangriff – parallel zur Diagonalen a8–h1 wohlgemerkt! Für Läuferangriffe parallel zur anderen Diagonalen muß gerade von hinten mit der Addition begonnen werden (Tab. 7).

Tab. 7

Zeile	a	b	c	d	e	f	g	h
Spalte	3	5	2	8	1	6	4	7
Verschiebung	+8	+7	+6	+5	+4	+3	+2	+1
	11	12	8	13	5	9	6	8

Es stellt sich heraus, daß in dieser Stellung auch ein Angriff zwischen den Damen der c- und h-Spalte bestand. Diese Methode, eine Stellung auf Läuferangriffe hin zu prüfen, geht auf C. F. GAUSS (1777–1855) zurück, der schon 1850 erkannte: *Eine Vertauschung der Zahlen 1, …, 8 stellt genau dann eine Lösung des Problems dar, wenn die absolute Differenz zweier Zahlen nie gleich dem Unterschied ihrer Platznummern ist.*

Damit liefert 3528 1746 eine Möglichkeit, die acht Damen zu postieren. Falk kann daraus sofort drei weitere Lösungen ableiten, indem er die Stellung (Abb. 32) am linken Brettrand spiegelt oder eine Drehung um 90° im Uhrzeigersinn ausführt oder die gespiegelte noch dreht. Ganz nebenbei überlegt er sich, daß bei einer Spiegelung, ganz gleich, ob an waagerechter, senkrechter oder diagonaler Brettachse, stets eine neue Lösungsmöglichkeit entstehen muß.

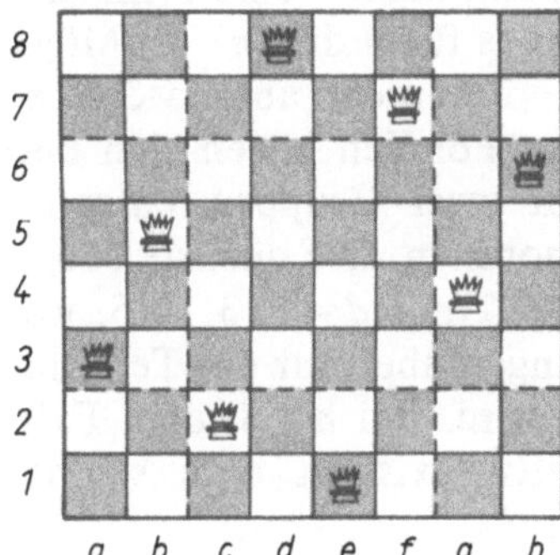

Abb. 32

▲ Knobelaufgabe 13: Überlegen auch Sie, warum bei Spiegelungen stets eine neue Lösung entsteht!

Während aus der Lösung 3528 1746 durch Spiegelung und Drehungen nur insgesamt vier Stellungen hervorgehen, gibt es noch elf andere Positionen, die zu Gruppen von jeweils acht Lösungen gehören (Tab. 8).

Tab. 8

1586 3724	2571 3864	2683 1475	3584 1726
1683 7425	2574 1863	2736 8514	3625 8174
2468 3175	2617 4835	2758 1463	

Finden Sie alle Lösungen einer solchen Gruppe: Die am linken Brettrand gespiegelte Stellung erhält man durch Umkehrung der Reihenfolge der Ziffern; die um 90° im Uhrzeigersinn gedrehte durch Abzählen, auf welchem Platz von *hinten* sich die Ziffern 1, 2, …, 8 befinden. Falk erhält also für das Problem der acht Damen $8 \cdot 11 + 4 = 92$ verschiedene Lösungen.

Interessantes über fünf Damen

Soll das Schachbrett mit möglichst wenigen Damen beherrscht werden, so lernt Falk aus [1], daß dazu mindestens fünf Damen nötig sind, die auf 4860 verschiedene Arten postiert werden können. Darunter sind Stellungen, in denen sich die Damen gegenseitig bedrohen (z.B. a1, c3, d4, e5, g7) und andere, wo kein Angriff stattfindet (b3, c6, d4, e2, f5).

Fünf Damen auf einem 5×5-„Schachbrett" erlauben folgende nette Überlegungen: Zunächst gibt es zehn Möglichkeiten, sie ohne gegenseitigen Angriff aufzustellen (Tab. 9). Es fällt sofort auf, daß in jeder der beiden Gruppen die Zeilen aus zyklischen Vertauschungen anderer hervorgehen; nicht nur die Zeilen, auch die Spalten liefern Lösungen. Setzt

Tab. 9

52413	14253
24135	42531
41352	25314
13524	53142
35241	31425

man die erste Zeile oder Spalte von vorn nach hinten bzw. unten, so stehen immer noch alle fünf Lösungen jeder Gruppe da. Stellt man sich ein Riesenparkett aus 5×5-Schachbrettern vor, auf denen irgendeine der zehn Lösungen angegeben ist, dann kann Falk beim Ausschneiden eines beliebigen Quadrates mit Seitenlänge 5, dessen Seiten parallel zu den Seiten der Parkettfelder liegen, sicher sein, auf ihm eine Lösung der jeweiligen Gruppe zu erhalten (Abb. 33).

Hat Falk von fünf Farben jeweils fünf Damen zur Verfügung und stellt er diese entsprechend den fünf Lösungen einer Gruppe auf, so finden alle 25 Damen Platz, ohne daß sich zwei der gleichen Farbe gegenseitig bedrohen. Mehr noch, in einem 5×5×5-Würfel lassen sich die fünf Lösungen einer Gruppe schichtweise so realisieren, daß auch in jeder Scheibe, die seitlich abgeschnitten wird, eine Lösung vorliegt (Abb. 34). Die Zahlen in der Abbildung geben an, in welcher Schicht eine Dame steht (Draufsicht auf den Würfel). Werden die Scheiben von vorn abgeschnitten, so ist in ihnen allerdings

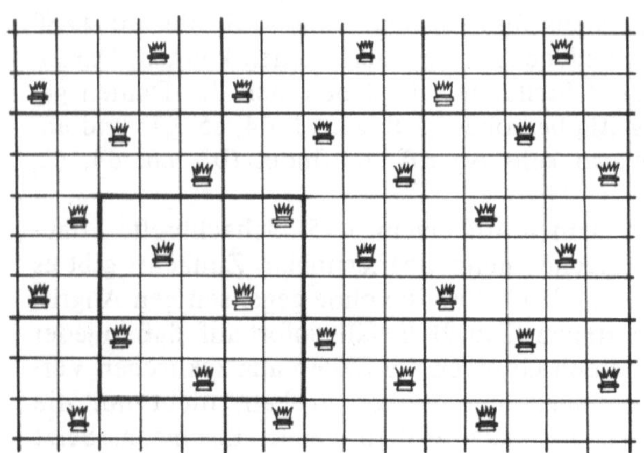

Abb. 33. Riesenparkett aus 5 × 5-Brettern mit Lösung 13524; im Quadrat entsteht die Lösung 24135

1	5	4	3	2
3	2	1	5	4
5	4	3	2	1
2	1	5	4	3
4	3	2	1	5

Abb. 34

keine Lösung vorhanden, wie sich an den Nachbarn der Damen der dritten Schicht leicht erkennen läßt.

Woran liegt es nun, daß bei fünf Damen die Lösungen solche Eigenschaften haben, wie sie bei acht nicht zu beobachten sind? Um das zu erklären, bildet Falk mit der natürlichen Zahl d eine *arithmetische Folge*: $a_p = (p-1)d$, $p = 1, \ldots, n$. Die Position einer Dame in der p-ten Spalte eines $n \times n$-Schachbrettes erkennt er aus dem Rest, den a_p bei Division durch n liefert (einen Rest 0 ersetzt er durch n). Damit unter den Resten alle Zahlen 1, ..., n vorkommen, müssen d und n teilerfremd sein. Ein Läuferangriff wird nach dem Kriterium von GAUSS nun dadurch ausgeschlossen, daß *nicht* gelten darf:

$$a_i - a_j = (i-j)d = kn \pm (i-j) \quad \text{bzw.} \quad (i-j)(d \pm 1) = kn$$

für alle $i, j = 1, \ldots, n$, $i \neq j$ und ganze Zahlen k. Sind nun auch noch die Zahlen n und $(d+1)$ bzw. $(d-1)$ teilerfremd, so sind alle Forderungen erfüllbar. Dieser Fall tritt ein, wenn n eine Primzahl größer als 3 ist (dann gibt es für d die $(n-3)$ Möglichkeiten: 2, 3, ..., $(n-2)$), nicht aber, wenn n durch 2 oder 3 teilbar ist. Folglich lassen sich bei $n = 5$ zehn Lösungen in zwei Gruppen entsprechend $d = 2$ und $d = 3$ anordnen. Die nächste Möglichkeit bietet sich bei $n = 7$ mit $d = 2, 3, 4, 5$, wo durch die $4 \cdot 7 = 28$ Lösungen aber nur ein Teil der vierzig möglichen erfaßt wird. Bei $n = 8$, dem Fall des üblichen Schachbretts, existiert eine solche Darstellung jedoch nicht.

Könige sind verträglicher

Falk wendet sich jetzt den anderen Schachfiguren zu. Wie viele von jeder Sorte können auf einem Schachbrett aufgestellt werden, ohne daß sie sich gegenseitig bedrohen? Für Türme hatte er das schon zu Beginn des ersten Abschnitts ausgerechnet: Acht Türme lassen sich auf $8! = 40\,320$ verschiedene Arten auf dem Brett unterbringen. Einen kleinen Trick hat Falk nun noch für Sie vorbereitet: Stellen Sie acht Türme auf dem in Abb. 35 angege-

39	35	37	42	36	41	40	38
23	19	21	26	20	25	24	22
63	59	61	66	60	65	64	62
71	67	69	74	68	73	72	70
15	11	13	18	12	17	16	14
31	27	29	34	28	33	32	30
47	43	45	50	44	49	48	46
55	51	53	58	52	57	56	54

Abb. 35

benen Brett mit den Zahlen 11 bis 74 auf den Feldern so auf, daß sie sich nicht gegenseitig schlagen können. Addieren Sie dann die Zahlen auf den besetzten Feldern! Es kommt stets 340 heraus. Erkennen Sie das „Geheimnis" des Brettes? (Hinweis: Lesen Sie noch einmal im Kapitel 1 über den „Eignungstest für Pärchen" nach!)

Welches Ergebnis kann Falk wohl für Läufer erwarten, wenn er weiß, daß eine Dame die Schlageigenschaften von Turm und Läufer in sich vereint und sich jeweils höchstens acht Damen bzw. Türme auf einem Schachbrett ohne gegenseitigen Angriff aufstellen lassen? Werden es mehr oder weniger als acht Läufer sein? Natürlich mindestens genausoviele, denn bei weniger Läufern würde ja stets unter acht Damen schon ein Angriff stattfinden. Um das ganze Brett mit Läufern zu beherrschen, müssen eine Diagonale und ihre sieben Parallelen besetzt werden. Zwei davon bestehen aber nur aus je einem Feld mit gegenseitiger Schlagmöglichkeit. Also lassen sich höchstens 14 Läufer auf dem Schachbrett unterbringen, wie es z.B. in der Stellung a1, a2, a3, a4, a5, a6, a7, h1, h2, h3, h4, h5, h6, h7 realisiert wird.

Neben Läufern sind auch Könige (Zug: 1 Feld in beliebige Richtung) und Springer (Zug: 1 Feld gerade und 1 Feld schräg) verträglicher als Damen oder Türme. Auf dem Schachbrett lassen sich nämlich 16 Könige aufstellen (z.B. auf der 1., 3., 5. und 7. Zeile der a-, c-, e- und g-Spalte) und sogar 32 Springer. Letztere Zahl verblüfft insofern, da hier die Hälfte aller Felder des Schachbretts besetzt ist. Das liegt aber daran, daß der Springer bei jedem Zug die Farbe seines Feldes wechselt. Alle 32 Springer stehen also auf Feldern gleicher Farbe, so daß sie sich gegenseitig nicht bedrohen. Mehr als 32 Springer kann Falk aber nicht unterbringen. Das liegt an der Existenz von Rösselsprüngen über das gesamte Schachbrett, bei denen ein Springer jedes Feld genau einmal berührt. (Finden Sie einen solchen Rösselsprung!) Sind mehr als 32 Springer aufgestellt, dann gibt es in einem beliebigen Rösselsprung über das gesamte Brett aufeinanderfolgende Felder, die besetzt sind, also einen Angriff erlauben.

... bis es zerbricht

Von der plötzlichen Schachleidenschaft des großen Bruders angesteckt, sucht Tina im Haus nach einem Schachbrett für sich allein. Auf dem Dachboden, in der alten Spielzeugkiste, findet sie auch eines, jedoch wie sieht es aus? Die 64 Felder sind noch zu erkennen, aber die Farbe ist ganz ausgeblichen, so daß man nicht mehr sieht, welches einmal die hellen und welches die dunklen Felder gewesen sind. Zum Überfluß zerbricht das Brett beim Herauszerren auch noch in viele Teile (Abb. 36). Die

Abb. 36

vier einzelnen Felder sind im Halbdunkel nicht mehr auffindbar. Was soll Tina mit dem Rest nun anfangen? Sie nimmt die zwölf Teile mit und schaut sie in ihrem Zimmer genauer an. Seltsam, alle bestehen aus fünf Feldern, und alle sind verschieden geformt (Abb. 36). Ob es noch mehr solche Figuren aus fünf Feldern gibt? Tina probiert das auf kariertem Papier systematisch aus.

Zwei Felder liefern – bis auf eine Drehung um 90° – nur eine Figur: den Dominostein. Setzt man ihm an allen sechs möglichen Stellen noch ein weiteres Feld an, so entstehen – bis auf Drehungen bzw. Spiegelungen – genau zwei verschiedene Figuren: „Winkel" und „Stab". Nach dem griechischen Wort „tria" für „drei" nennt man diese Figuren *Tro-*

minos. Wenn man bei ihnen wiederum an allen möglichen Stellen ein Feld ansetzt, ergeben sich fünf Figuren mit vier Feldern (*Tetrominos*), und daraus auf dieselbe Weise schließlich unsere *Pentominos* aus fünf Feldern. Zusammengefaßt werden solche Figuren aus zwei, drei und mehr Feldern unter dem Begriff *Polyominos* (griech. „poly" – „viel"). Wie viele verschiedene es für eine bestimmte Feldanzahl *n* gibt, kann man zwar im Prinzip so wie Tina abzählen, aber eine allgemeine Formel hat bis heute niemand gefunden.

Erstaunt stellt Tina fest, daß es tatsächlich nur genau die zwölf Pentominos gibt, die als Schachbrettstückchen vor ihr auf dem Tisch liegen. Zu einem Schachbrett lassen sie sich nicht mehr zusammenfügen; es sind ja nur noch $12 \cdot 5 = 60$ Felder vorhanden, und das ergibt überhaupt kein Quadrat. Vielleicht aber wenigstens ein Rechteck? Viele Rechtecke haben 60 Felder: $60 = 1 \cdot 60 = 2 \cdot 30 = 3 \cdot 20 = 4 \cdot 15 = 5 \cdot 12 = 6 \cdot 10$. Rechtecke mit einem oder

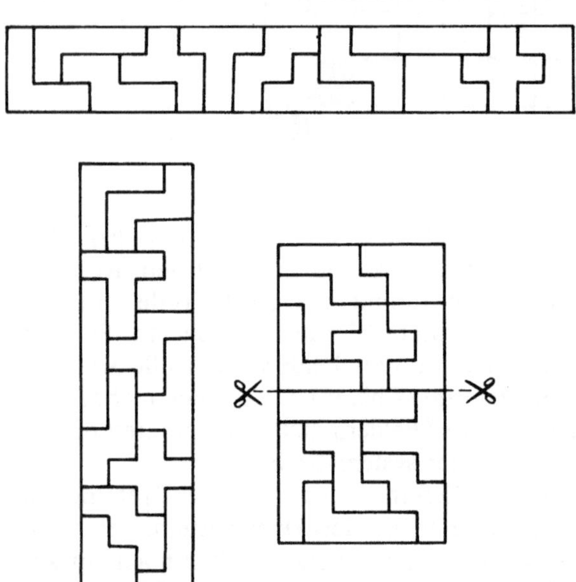

Abb. 37. Ein 5×12-Rechteck erhält man durch anderes Zusammensetzen der beiden Hälften des 6×10-Rechtecks (für das es übrigens noch Tausende andere Möglichkeiten gibt)

zwei Feldern als Höhe kann man allerdings nicht aus den Pentominos legen; wie sollte da zum Beispiel das Teil 6 hineinpassen? Aber die anderen denkbaren Seitenlängen probiert Tina aus, und nach einer Weile hat sie alle diese Rechtecke nacheinander wirklich zusammengesetzt (Abb. 37).

Schneiden Sie die Pentominos aus Pappe aus! Versuchen Sie auch, die Figuren aus Abb. 38 zu legen! Wenn nicht alle Teile verwendet werden, kann man Treppen, Sterne und vieles mehr bilden. Und schließlich ist so ein Puzzle auch ein originelles Geschenk für Freunde ...

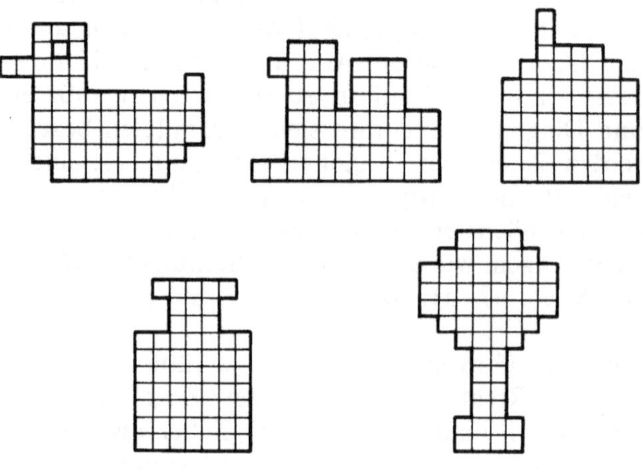

Abb. 38

Atelier für Fußböden

Bei der eifrigen Beschäftigung mit den Puzzles fällt auch manchmal ein Teil herunter. Als Tina sich bückt, schaut sie den Fußboden genauer an: Die einzelnen Holzquader des Parketts haben ja alle dieselbe Form wie das Pentomino 1! Ob man wohl auch mit anderen Pentominos ein Parkettmuster finden könnte? (Das Parkett soll nur aus Pentominos einer einzigen Sorte zusammengesetzt werden.) Dabei muß man jede beliebig große Fläche überdecken können, ohne daß Lücken (Fußangeln!)

oder Überlappungen entstehen. Tina schneidet die Pentominos mehrfach aus und hat bald herausgefunden, daß sich die Aufgabe für jedes einzelne lösen läßt, noch dazu auf verschiedene Weise. Einige Beispiele zeigt Abb. 39.

Abb. 39 a, b, c

▲ Knobelaufgabe 14: Können Sie sich auch Polyominos ausdenken, aus denen man *kein* Parkett zusammensetzen kann?

Natürlich ist es ärgerlich, daß oft am Rand noch etwas abgeschnitten werden muß, wenn man ein rechteckiges Zimmer mit solchem Parkett auslegen will. Vielleicht lassen sich die einzelnen Pentominos zu Rechtecken zusammenlegen, mit denen man ein Zimmer geeigneter Proportionen dann mühelos parkettieren könnte? Eine solche Möglichkeit zeigt Abb. 39b.

Nun, das geht leider nicht immer. Wir brauchen nur stellvertretend Teil 6 („Kreuz") anzuschauen: Wenn wir es in dem zu bildenden Rechteck an die obere Kante anlegen (und dort muß es ja anstoßen), entsteht zwischen dem Querbalken des Kreuzes und der Rechteckseite rechts und links jeweils eine Lücke von einem Feld, die wir durch weitere Kreuze, die vollständig im Rechteck liegen sollen, nicht schließen können. Tatsächlich bilden nur die Pentominos 1, 2, 3 und 10 Rechtecke. Probieren Sie doch einmal, eine Lösung für Pentomino 3 zu finden! Sie werden natürlich mehr als zwei Teile brauchen …

Vergrößerte Pentominos

Falk hat noch eine Puzzleaufgabe für seine Schwester: „Kannst du auch aus mehreren gleichen Pentominos ein vergrößertes Bild der jeweiligen Figur zusammensetzen?" Bei den Teilen 1, 2, 3 und 10 könnte Tina sofort „ja" sagen. Warum? Wir wissen schon, daß man aus diesen Pentominos Rechtecke bilden kann. Wenn wir aber ein Rechteck haben, das a Felder breit und b Felder hoch ist, so lassen sich in a Reihen übereinander jeweils b dieser Rechtecke nebeneinanderlegen (a und b sind ja natürliche Zahlen!), und es entsteht ein Quadrat der Seitenlänge $a \cdot b$ Felder. (Wenn a und b gemeinsame Teiler haben, so gibt es auch kleinere Quadrate. Die Seitenlänge des kleinstmöglichen Quadrats ist dann das kleinste gemeinsame Vielfache von a und b.) Aus fünf solchen Quadraten können wir natürlich leicht wieder ein – vergrößertes – Pentomino zusammensetzen.

Übrigens: Die Aufgabe ist mit keinem der anderen Pentominos lösbar. Man merkt das beim Versuch, Kanten bzw. Ecken der vergrößerten Figuren lükkenlos auszulegen.

Wieviel Hölzchen?

Tina will die Pentominos (mit der Einteilung in quadratische Felder) aus Streichhölzern legen. Dabei fällt ihr auf, daß sie immer 16 Hölzer braucht, nur bei Teil 10 kommt sie mit 15 aus. Wenn sie sich nun die 6-ominos (Polyominos aus sechs Feldern) oder irgendwelche anderen n-ominos vorgenommen hätte, wieviel Hölzer würde sie dann brauchen? Und: Kann man die n-ominos mit der größten Hölzchenzahl („maximale" n-ominos) vielleicht auch ohne Nachzählen erkennen?

Sie denkt nach: „Um das erste Feld des n-ominos zu legen, brauche ich immer vier Hölzchen, für jedes der $(n-1)$ folgenden Felder aber nur noch höchstens drei, weil sie ja stets an ein schon vorhandenes angrenzen. Das macht zusammen also höchstens $4 + 3 \cdot (n-1) = 3n + 1$ Hölzchen. Das ist auch nicht zu großzügig abgeschätzt, denn für die stabförmigen n-ominos (wie z. B. Teil 1 der Pentominos) braucht man offensichtlich wirklich immer $3n + 1$ Hölzchen.

Falk hat schon über die zweite Frage nachgedacht: „Schau", sagt er, „im Teil 10 erkennst du einen geschlossenen ‚Kreis' (in diesem Fall von vier Feldern): Wenn du die Bleistiftspitze in eines dieser Felder setzt und dann waagerecht oder senkrecht in ein benachbartes Feld weitergehst usw., kommst du schließlich ins Ausgangsfeld zurück. n-ominos, die so einen Kreis enthalten, sind nie maximal, denn wir könnten beim Legen mit den l Feldern des Kreises anfangen. Für die ersten $(l-1)$ Felder brauchen wir, wie du schon weißt, höchsten $3 \cdot (l-1) + 1$ Hölzer, für das l-te aber höchstens noch zwei, da es ja an das $(l-1)$-te und an das erste Feld anstößt. Für die restlichen $(n-l)$ Felder werden wieder maximal je drei Hölzer benötigt. Das ergibt dann höchstens $3 \cdot (l-1) + 1 + 2 + 3 \cdot (n-l) = 3n$ Hölzer."

„Und umgekehrt gibt es in jedem nichtmaximalen n-omino so einen Kreis", ruft Tina. „Wenn ich das n-omino lege, kann ich mit irgendeinem Feld A anfangen. Neue Felder lege ich immer nur an schon vorhandene an. So gibt es von A aus für den Bleistift zu jedem vorhandenen Feld einen Weg. Damit weniger als $3n + 1$ Hölzer gebraucht werden, muß irgendwann einmal ein neues Feld D an mindestens zwei schon vorhandene (B und C) angrenzen. Dann kann ich aber den Weg von A nach B entlanggehen, hinüber auf das Feld D, weiter nach C, und den Weg von A nach C rückwärts: Spätestens in A schließt sich der Kreis!"

Damit haben Falk und Tina die Gleichheit zweier Mengen (der Menge K der n-ominos mit Kreisen und der Menge N der nichtmaximalen n-ominos) bewiesen. Alle Elemente der Menge K liegen in N, und umgekehrt gehört auch jedes Element von N zu K. Erst aus diesen beiden Aussagen zusammen kann man schließen, daß N und K wirklich genau dieselben Elemente enthalten, also gleich sind!

Nun, eigentlich wollte Tina ja etwas über die maximalen n-ominos wissen. Aber das ist jetzt einfach: Ein maximales n-omino kann keinen Kreis enthalten, denn alle n-ominos mit Kreis sind ja nichtmaximal. Und ein n-omino ohne Kreis ist automatisch auch maximal, denn die nichtmaximalen enthalten bekanntlich stets Kreise. Folglich ist die Menge der maximalen n-ominos gleich der Menge der kreislosen n-ominos, d.h., Tina kann die n-ominos, für die alle $3n + 1$ Hölzchen benötigt werden, daran erkennen, daß sie keinen Kreis enthalten.

Faires Spiel?

„Zur Erholung", meint Tina zu Falk, „schlage ich ein kleines Spiel vor." Man braucht dazu einen Bogen kariertes Papier. Beide Spieler malen abwechselnd je ein Kästchen des Papiers in ihrer Farbe aus. (Damit der Blattrand nicht stört, fängt man besser nicht zu dicht am Rand an!) Der erste Spieler (Tina) hat dabei die Aufgabe, zusammenhängende Kästchen so zu besetzen, daß das Winkel-Tromino hineinpaßt, der zweite Spieler (Falk) soll dies durch die Wahl seiner Felder geschickt verhindern. (Erst ausprobieren, dann weiterlesen!)

Natürlich merkt Falk schon beim ersten Spiel, daß die pfiffige Tina ihm eine unlösbare Aufgabe gestellt hat und immer gewinnen wird. Nach kurzem Nachdenken stellt er ihr das Quadrat-Tetromino als Aufgabe. Er hat sich nämlich folgendes überlegt: „Ich stelle mir das Papier als Ziegelmauer vor; jeder Ziegel bestehe aus zwei Kästchen. Egal wie das Quadrat-Tetromino liegt, es überdeckt immer einen ganzen Ziegel. Wenn Tina also eine Hälfte eines solchen Ziegels ausmalt und ich die andere Hälfte ausmale, kann sie nie zum Ziel kommen."

Spielen Sie dieses Spiel mit verschiedenen Polyominos! Bei einigen Polyominos (mit höchstens sechs Feldern, z.B. alle Tetrominos außer dem Quadrat) kann der erste Spieler bei geschickter Vorgehensweise (Strategie) immer zum Ziel kommen. Bei allen anderen hat der zweite Spieler die Möglichkeit, mit einer raffinierten, nicht immer leicht zu erkennenden Strategie die Bemühungen des ersten zu vereiteln und selbst zu gewinnen.

8. Geometrie der Verformung

Versuchen Sie einmal, zwei Knoten auf einem Faden so anzubringen, daß diese sich bei Verschiebungen gegenseitig aufheben! Sie schaffen es nicht? Geben Sie getrost auf! Es wurde mathematisch bewiesen, daß dies unmöglich ist.

Mit Eigenschaften von Kurven und Flächen, die diese unabhängig von ihrer Größe und speziellen Gestalt besitzen, befaßt sich die *Topologie*. Sie untersucht, welcher Art ein Knoten ist, ob und wie Kurven miteinander verkettet sind, ob eine Fläche Löcher oder Henkel besitzt, welche Nachbarschaftsverhältnisse bestehen (vgl. Kapitel 3) usw. Bei Deformationen wie Verlängern, Verbiegen, Umklappen, Verkürzen (nicht Zerreißen!) ändern sich gewisse Eigenschaften nicht, sie sind invariant.

Die Topologie ist ein verhältnismäßig junges Gebiet der Mathematik, obwohl ihre frühen Anfänge bis auf EULER zurückgehen. Vom Geometer A. F. MÖBIUS (1790–1868), einem Zeitgenossen von GAUSS, stammt das Möbiusband mit seinen interessanten topologischen Eigenschaften, die schon manchen Zauberkünstler zu einem Trick verleiteten. Das Möbiusband besteht aus einem Streifen Papier, dessen Enden um 180° verdreht und anschließend zusammengeklebt sind. Es ist eine einseitige Fläche mit einer geschlossenen Randkurve [28]. Überprüfen Sie es selbst: Färben Sie das Band vollständig mit einer Farbe ein, ohne den Pinsel oder Stift abzusetzen!

Wie bereits im ersten Kapitel beschrieben, kann man beim Ausnutzen von Invarianten erstaunliche Wirkungen erzielen. Mathematische Spiele topologischer Natur beruhen auf solchen Invarianten oder verändern geschickt die topologische Struktur einer Kurve bzw. Fläche. Wir verwenden für solche Spiele verformbare Materialien, wie Schnur, Gummiband oder Papier.

Tückische Knoten

Aus eigener Erfahrung kennen Sie die unterschiedlichsten „Knoten" (Schnürsenkelknoten, Krawattenknoten, Seemannsknoten). Der Mathematiker unterscheidet bei solchen „Knoten" aber noch zwischen einer Verschlingung (bei offener Schnur, Abb. 40a) und einem Knoten (bei geschlossener Schnur, Abb. 40b–d).

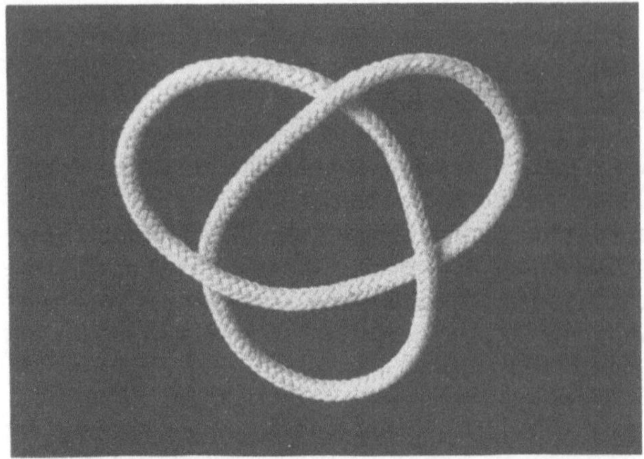

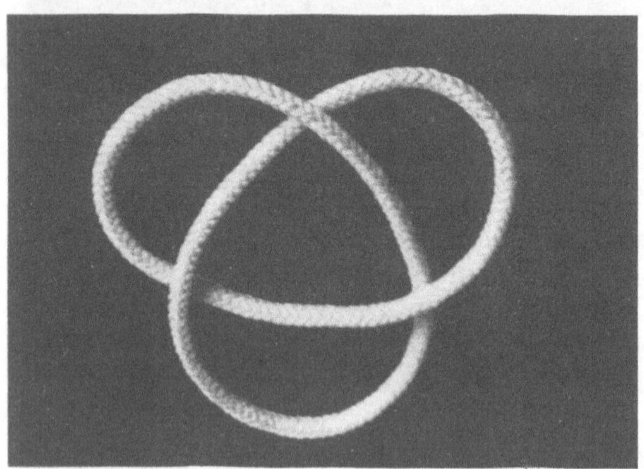

Abb. 40 a, b, c, d (a und b auf S. 53)

Dabei sind die Knoten in Abb. 40b und 40d topologisch äquivalent, d. h., sie lassen sich durch Deformationen ineinander überführen. Nicht äquivalent sind die Knoten der Abb. 40c und 40d. Es ist klar, Verschlingungen lassen sich durch Deformationen lösen. Einen Knoten jedoch kann man auf einer Schnur beliebig lange entlangschieben, aber nicht auflösen.

Diese Tatsache bringt Franz auf eine Idee: Er fordert Marlen auf, ein Tuch mit beiden Händen an gegenüberliegenden Ecken zu fassen und, ohne los-

zulassen, zu verknoten. Sie schafft es, denn sie verschränkt vorher die Arme. Auf der geschlossenen Linie Tuch – Arme – Körper wird der Knoten von Arm – Körper – Arm auf das Tuch geschoben, sobald Marlen ihre Arme aus der Verschränkung löst.

Scheinbare Verkettungen

Nehmen Sie nun zwei Fäden. Sie können die Enden jedes Fadens so verknüpfen, daß beide entweder verkettet (einfach oder mehrfach, Abb. 41b, c) oder nicht verkettet (Abb. 41a) sind.
Anschließend dürfen Sie die Fäden nach Belieben verformen, sie bleiben verkettet oder nicht verkettet. Die „Verkettungszahl" ($\alpha \geq 1$ oder $\alpha = 0$) ist eine topologische Invariante.

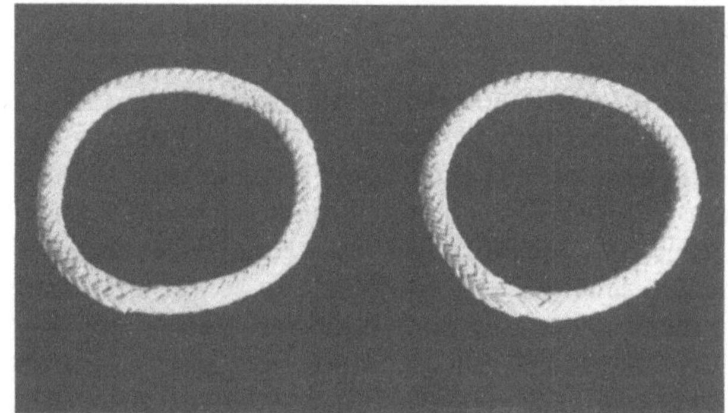

Abb. 41 a ($\alpha = 0$), b ($\alpha = 1$)

Abb. 41 c ($\alpha = 2$), d

Nehmen Sie nun drei Fäden und verbinden Sie
diese so, wie in Abb. 41d: Es ist nur der linke Faden
mit dem mittleren einfach ($\alpha = 1$) verkettet.
Nicht immer läßt sich so leicht entscheiden, ob geschlossene Kurven verkettet sind oder nicht. Sie
kennen vielleicht den Trick mit der Schere, die wie
in Abb. 42 mit einem Gummi an einem Wandhaken
angebunden war, eines Tages aber nicht mehr an
der Wand hing. Der Gummi jedoch befand sich
noch unbeschädigt an Ort und Stelle [28].
Marlen und Franz wurden von ihren Freunden
scheinbar unlösbar mit Schnüren verbunden
(Abb. 43). Doch es gibt eine Möglichkeit, wie sie
sich aus dieser Verkettung befreien können: Die
Hände sind nicht verformbar, es ist somit unmöglich, sie aus der Schlinge zu ziehen. Topologisch
spielt das aber keine Rolle. Es muß der Faden der
einen Schlinge über eine beliebige Hand des anderen gezogen werden, und zwar durch jene Schlinge

hindurch, die das entsprechende Handgelenk um-
gibt.

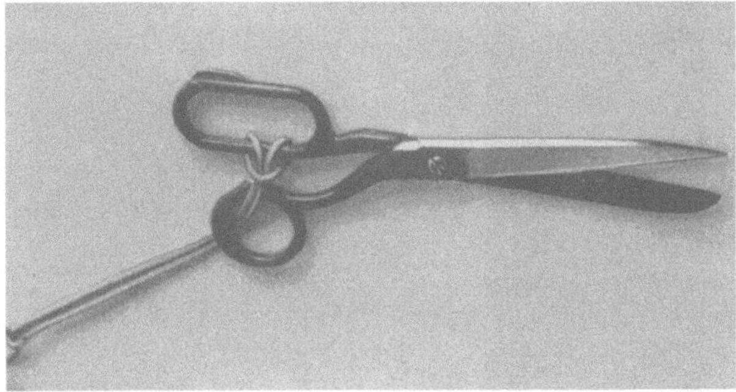

Abb. 42

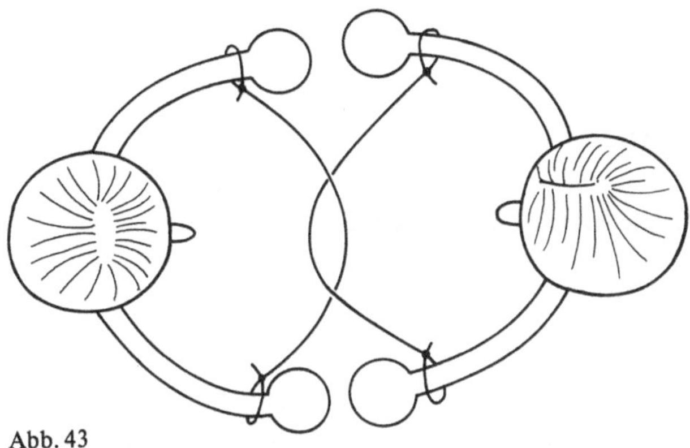

Abb. 43

Nachdem Marlen sich aus dieser Schlinge befreit
hatte, stellt nun sie den anderen einen Trick vor:
Sie hängt sich einen Gummiring über den Zeigefinger und führt das freie Ende der Schlinge um den
Mittelfinger herum, dann hängt sie es wieder über
den Zeigefinger (Abb. 44). Nun bittet sie Franz,
ihren Zeigefinger festzuhalten. Als sie anschließend
den Mittelfinger einknickt, springt das Band vom
Zeigefinger auf den Mittelfinger (beim Einknicken
rutscht dabei ein Teil des Bandes vom Mittelfinger).

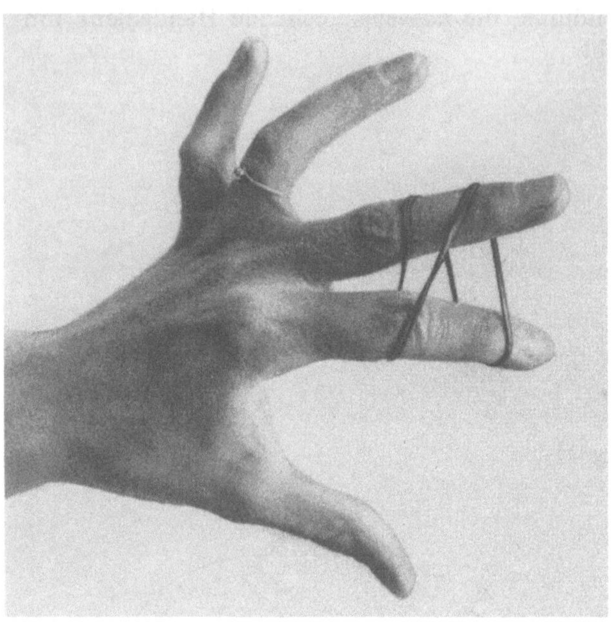

Abb. 44

Verschlungene Bänder

Die bisherigen Tricks beruhten auf den topologischen Eigenschaften von Kurven, wenden wir uns nun den Flächen zu.

Basteln Sie sich ein Möbiusband! Stellen Sie selbst fest, was passiert, wenn man dieses Band parallel zu den Rändern in der Mitte oder parallel zu den Rändern im Abstand von einem Drittel der Bandbreite aufschneidet [35]. Alle Phänomene sind topologisch begründbar. Wählen Sie den Streifen sehr lang, so können Sie verblüffende Zaubertricks vorführen, weil dann die Verdrehung des Bandes nicht auffällt. Franz führt nun noch einen Trick vor.

Er zieht eine Weste an, hängt sich eine sehr große Schlinge aus Bindfaden über den linken Arm und steckt den Daumen der linken Hand in die Westentasche. Marlen soll versuchen, die Schlinge zu entfernen, ohne den Daumen von Franz aus der Westentasche zu ziehen. Es gelingt!

Über den Kreis

„Der Kreis ist die erste, die einfachste und die vollkommenste Figur". Dieser Ausspruch stammt von dem griechischen Philosophen PROKLOS (410–485). Was mag ihn dazu bewogen haben? Vielleicht die vollkommene Symmetrie des Kreises? Vielleicht auch, daß der Kreis Lösung so vieler Aufgaben ist, mit denen sich die Gelehrten schon im Altertum beschäftigt haben? Franz nimmt sich einen Faden her und bindet die beiden Enden zusammen. Wie muß er den Faden auf das Zeichenpapier legen, damit der eingeschlossene Flächeninhalt am größten ist? Er muß ihn so legen, daß ein Kreis entsteht. Diese Aufgabe, das sogenannte *isoperimetrische Problem*, ist schon sehr alt. Bereits die berühmten Gelehrten ZENON und ARCHIMEDES (287?–212 v.u.Z.) haben sich mit ihr befaßt. Der Beweis wurde jedoch erst 1879 von K. WEIERSTRASS (1815–1897) gefunden. Der Schweizer Geometer J. STEINER (1796–1863) [7] gab eine einfache und interessante Konstruktion an, die zur Lösung des Problems hinführt. Er zeigte, daß man zu jeder geschlossenen ebenen Kurve (auf dem Zeichenpapier liegender zusammengebundener Faden), die nicht kreisförmig ist, eine geschlossene ebene Kurve K^* finden kann, welche die gleiche Länge hat und einen größeren Flächeninhalt einschließt.

Was wurde damit gezeigt? Betrachten wir alle geschlossenen, ebenen Kurven gleicher Länge. Wenn es unter diesen eine gibt, die einen größeren Flächeninhalt einschließt als alle anderen, dann handelt es sich um den Kreis. Folgt daraus schon, daß der Kreis wirklich das isoperimetrische Problem löst? Nein! Verdeutlichen wir uns einmal diesen etwas schwierigen Gedankengang an einem einfachen Analogon aus dem Bereich der Zahlen:

Anstelle aller ebenen geschlossenen Kurven vorgegebener Länge betrachten wir alle Brüche mit dem Zähler 1. Wir suchen den kleinsten Bruch dieser Art und wissen:

Zu jedem Bruch $\frac{1}{i}$, $i \geq 2$, läßt sich ein solcher angeben, der kleiner als $\frac{1}{i}$ ist, nämlich $\frac{1}{i^2}$. Folglich könnte nur $\frac{1}{1} = \dot{1}$ der kleinste sein; alle anderen kommen nicht in Frage. Wenn es also unter den betrachteten Brüchen einen kleinsten gibt, so ist dies $\frac{1}{1} = 1$. Hier sieht man sofort: Wir können nicht schlußfolgern, daß $\frac{1}{1}$ der kleinste Bruch mit dem Zähler 1 ist, da ein solcher nicht existiert. Ebenso können wir nicht schlußfolgern, daß der Kreis jene Kurve ist, die den größten Flächeninhalt einschließt. Erst wenn gezeigt ist, daß es wirklich eine Kurve gibt, die unsere Aufgabe löst, können wir sagen: Es ist der Kreis. Die Tatsache, daß eine solche Kurve existiert, scheint auf der Hand zu liegen; in Wirklichkeit liegt aber genau hier die Hauptschwierigkeit bei der Lösung der Aufgabe verborgen.

Wie schon angedeutet, konnte WEIERSTRASS die Existenz der Lösung 1879 mit Mitteln der Variationsrechnung nachweisen.

Aus dem isoperimetrischen Problem lassen sich nun eine Reihe verwandter Aufgaben ableiten:

Das Problem der DIDO

Bei der Gründung der Stadt Karthago scheint es, als ob die Tochter des tyrrhenischen Königs die Lösung des isoperimetrischen Problems benutzt hätte: Weltberühmt ist die Legende von DIDOS List, mit der sie HIEBRAS, dem König der Numidier, ein riesiges Stück Land abluchste. Sie erbat soviel Boden von ihm, wie eine Ochsenhaut umspannen kann, schnitt die Haut in fadendünne Streifen, aus denen sie eine sehr lange Schnur machte, und umgrenzte damit ein Flächenstück.

Welche Form sollte sie dem Gebiet erteilen, um den größtmöglichen Flächeninhalt zu gewinnen? Im Inneren des Landes wäre es natürlich ein Kreis. Wir befinden uns aber am Meeresufer, und damit ist das Problem ein anderes. Wir wollen es unter der Annahme lösen, daß jenes Ufer eine Gerade ist. Der Bogen B (Abb. 45a) habe die vorgegebene Länge.

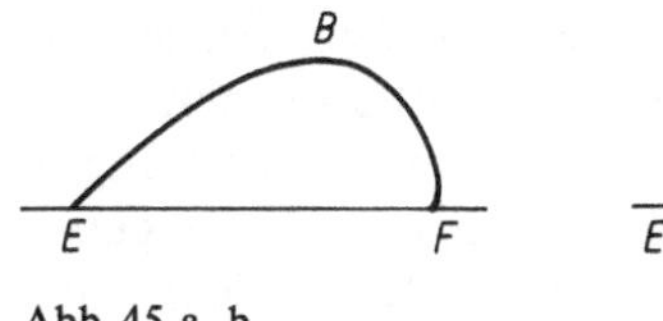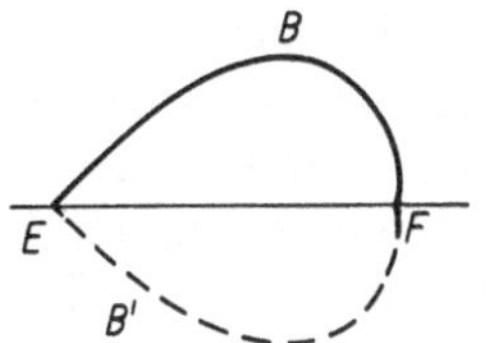

Abb. 45 a, b

Die Fläche zwischen der Strecke $\overline{EF}$ und dem Bogen B soll so groß wie möglich werden. Die Punkte E und F wählen wir beliebig auf der Geraden (Abb. 45b). Die Kurve B und deren Spiegelbild B', bei Spiegelung an der Geraden $\overline{EF}$, bilden eine geschlossene Kurve doppelter Länge. Die eingeschlossene Fläche ist dann am größten, wenn diese geschlossene Kurve ein Kreis ist, mit der gegebenen Geraden als Symmetrieachse. Somit ist die Lösung von DIDOS Problem ein Halbkreis.

Kreispolygone

Eine ganze Reihe von Schlußfolgerungen wurden von J. STEINER aus der Lösung des isoperimetrischen Problems abgeleitet. Einige davon sind besonders eindrucksvoll, und wir wollen sie hier nennen und erläutern.

1. Einem Kreis sei ein *Polygon*, d. h. ein geschlossener Streckenzug, einbeschrieben (Abb. 46a). Die von den Seiten abgeschnittenen Kreissegmente oder „Monde" denken wir uns starr aus Pappe gefertigt und an den Ecken durch bewegliche Gelenke oder Ösen miteinander verbunden. Dadurch entsteht ein „Vielgelenk". Dieses „Vielgelenk" können wir nun durch Änderung der Winkel an den Gelenken deformieren (Abb. 46b). Welches „Vielgelenk" hat den größten Flächeninhalt?

Abb. 46 a, b

Wenden Sie zur Beantwortung dieser Frage die Kenntnis der Lösung des isoperimetrischen Problems an! Der Flächeninhalt unserer neuen Figur ist bei gleichem Umfang kleiner als der des gegebenen Kreises. Weil die Flächeninhalte der Segmente aber unverändert sind, können wir schlußfolgern, daß der Flächeninhalt eines einem Kreis einbeschriebenen Polygons größer ist als der Flächeninhalt jedes anderen Polygons mit denselben Seiten (die Seiten seien in bezug auf Länge und Reihenfolge gleich).

2. Von einem Polygon seien Seitenzahl und Umfang vorgegeben. Welches dieser Polygone hat den größten Flächeninhalt? Wenn es ein solches gibt, muß es einem Kreis einbeschrieben sein. Angenommen, Sie hätten die richtige Lage aller Ecken bis auf eine, die wir X nennen, gefunden. Dann besteht das ganze Polygon aus zwei Teilen: dem Polygon $YZ \ldots VW$ mit $n - 1$ Ecken und dem Dreieck WXY (Abb. 47a). Von diesem Dreieck sind die Summe der Seiten $\overline{WX}$ und $\overline{XY}$ sowie die Grundlinie $\overline{WY}$ bekannt.

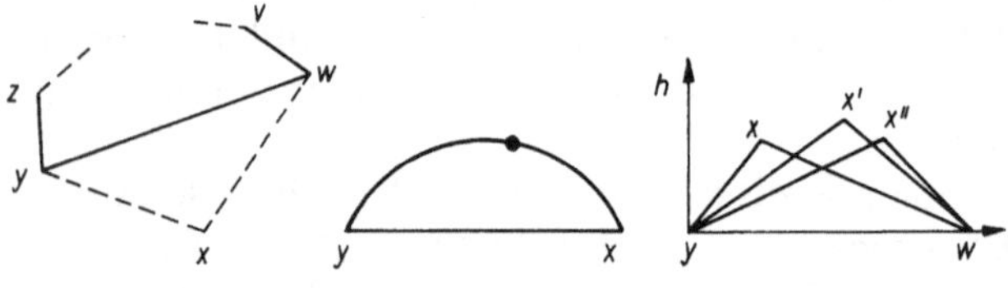

Abb. 47 a, b, c

Der Flächeninhalt des Dreiecks WXY muß maximiert werden. Er ist dann am größten, wenn das Dreieck gleichschenklig ist und die gegebene Seite $\overline{WY}$ zur Grundseite hat, d.h., die Seiten $\overline{XY}$ und $\overline{WX}$ müssen gleich lang sein. Dieses Ergebnis können Sie sich gut plausibel machen, indem Sie an den beiden Enden eines Stockes (der Grundlinie des Dreiecks) einen Faden von der Länge der Summe der vorgegebenen Seiten (Abb. 47b) befestigen. Alle Varianten, ein Dreieck aufzuspannen, findet man, wird der Faden an einer beliebigen Stelle straff ge-

spannt (Abb. 47c). Die Fläche des Dreiecks berechnet sich aus dem halben Produkt der Grundseite und der Höhe. Wo muß man den Faden nun spannen, damit die Höhe am größten ist? Natürlich in der Mitte! Also sind die beiden Seiten gleichlang, und das Dreieck ist gleichschenklig. Mit jeder beliebigen Ecke des Polygons können wir den gleichen Schluß durchführen und erhalten: Das gesuchte Polygon ist gleichseitig. Es sollte einem Kreis einbeschrieben sein – also muß es außerdem regelmäßig sein. Unter allen Polygonen mit vorgegebenem Umfang hat somit das regelmäßige Polygon den größten Flächeninhalt.

▲ Knobelaufgabe 15: Angenommen, zwei regelmäßige Polygone, mit n bzw. mit $n + 1$ Seiten, haben den gleichen Umfang. Welches hat den größeren Flächeninhalt?

Auch andere Probleme haben den Kreis als Lösung. Ein solches ist das folgende: Unter allen ebenen Figuren vorgegebenen Flächeninhaltes ist jene mit minimalem Umfang zu bestimmen. Beide Aufgaben, das isoperimetrische Problem und die eben genannte, scheinen in einem gewissen Zusammenhang zu stehen. Tatsächlich kann man zeigen, daß sie gleichwertig sind [31].

Ein sehr eindrucksvolles Experiment wird Sie zu einer weiteren Eigenschaft des Kreises hinführen: Stellen Sie verschiedene Flächen gleichen Flächeninhaltes aus Pappe her! Legen Sie diese Pappen nacheinander auf eine Waage und schütten Sie soviel wie möglich Sand auf jede der Flächen (Abb. 48). Wiegen Sie den auf den Flächen liegenden Sandhaufen! Welche Fläche trägt den meisten Sand? Natürlich der Kreis!

Durch unseren Versuch wird die Lösung stark suggeriert – ein mathematischer Beweis dieser Aussage wurde jedoch erst 1962 von Leavitt und Ungar, [25], erbracht.

Auch die Kugel ist eine besondere Figur

Bis jetzt haben wir uns mit allen Fragestellungen in der Ebene bewegt. Natürlich kann man analoge Fra-

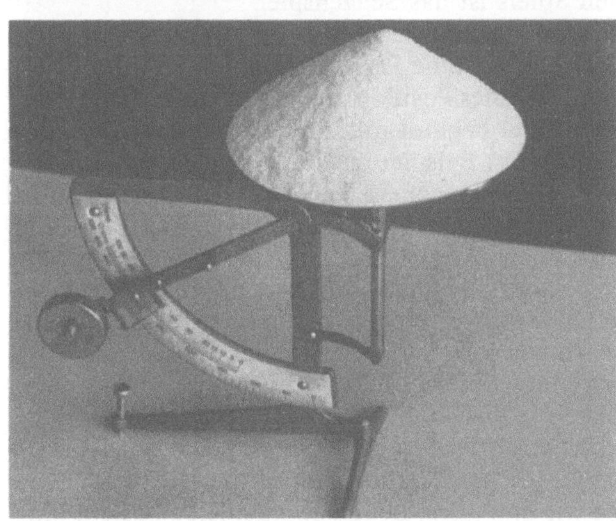

Abb. 48

gestellungen auch in unserem Anschauungsraum formulieren, z. B.: Welcher Körper vorgegebenen Volumens hat die kleinste Oberfläche? Die Kugel! Diese Antwort werden Sie ohne mathematischen Beweis glauben. Durch ganz naive Beobachtung können Sie sie sogar von einer Katze lernen. Was tut eine Katze, wenn sie sich in einer kalten Nacht schlafen legt? Sie zieht die Beine an und rollt sich zusammen, kurz, sie macht sich so kugelförmig wie möglich. Offensichtlich will sie warm bleiben, d. h. die von ihrer Körperoberfläche abgegebene Wärme auf ein Minimum reduzieren. Sie löst das Problem eines Körpers mit kleinster Oberfläche bei gegebenem Volumen, indem sie möglichst kugelförmige Gestalt annimmt [31]. Es scheint, als kenne sie die Lösung unserer Aufgabe.

Eine praktische Frage

Schließlich sei noch erwähnt, warum Schleusendeckel kreisförmig sind. Was könnte z. B. bei einem quadratischen Deckel passieren? Er könnte über die Diagonale in die Schleuse hineinfallen, genau das ist aber bei einem kreisförmigen Deckel nicht möglich. Wie Sie ihn auch drehen, er paßt nie in die Schleuse.

9. Wenn Mathematiker spielen

Nach dem Lesen der Überschrift könnten Sie sich und uns fragen, ob nicht die Mathematik eine ziemlich ernsthafte Angelegenheit sei, fern aller Spielerei. Gewiß, das ist richtig. Und doch spielen Mathematiker, manche sogar von Berufs wegen. In den letzten 50 bis 60 Jahren ist nämlich eine neue mathematische Disziplin entstanden und stürmisch gewachsen: die *Spieltheorie.* Ihr Begründer war J. v. NEUMANN (1903–1957), der in seiner Arbeit „Zur Theorie der Gesellschaftsspiele" 1928 erstmals formulierte, was man mathematisch unter einem Spiel zu verstehen hat.

Ein Spiel als mathematisches Modell eines Wettkampfes wird durch drei Angaben beschrieben: die Menge der Spieler, deren mögliche Verhaltensweisen und die Verteilung von Gewinn und Verlust auf die Spieler am Ende einer Partie. Dabei hängen Gewinn oder Verlust eines Spielers nicht nur von seinem eigenen Verhalten, sondern auch von dem seiner Mitspieler ab.

Es zeigte sich schon bald, daß die Spieltheorie eine Reihe wichtiger Anwendungen besitzt, vor allem in der Ökonomie und im Militärwesen. Das erklärt den schnellen Aufschwung dieser noch jungen Teildisziplin der Mathematik. Sie können darüber in [38] noch mehr lesen. Mit den Glücksspielen hat die Spieltheorie übrigens wenig zu tun, die gehören mehr in das Gebiet der Wahrscheinlichkeitsrechnung.

Von Zügen, Positionen und Strategien

Bevor wir einige Spiele vorstellen, die man auch im Familienkreis spielen kann, wollen wir uns noch etwas mit der Begriffswelt der Spieltheorie befassen.

Allen unseren Spielen ist gemeinsam, daß zwei Spieler beteiligt sind und daß der Sieger einer Partie genausoviel gewinnt, wie sein Gegner verliert. Wir sprechen deshalb von *Zweipersonen-Nullsummenspielen.* Gemeinsam ist den Spielen auch die zeitliche Ausdehnung, denn erst nach einer Reihe von Zügen wird über Gewinn und Verlust entschieden. Während einer Partie kennen beide Spieler jederzeit deren Stand, die erreichte Position, weshalb wir auch von *Positionsspielen* mit vollständiger Information sprechen. Ein typisches Beispiel eines solchen Spiels ist das Schachspiel.

Als Positionen bezeichnen wir die verschiedenen Zustände, die eine Partie durchläuft, und der Übergang von einer Position zu einer anderen heißt Zug. Jedes Spiel beginnt mit einer Anfangsposition, das Schach zum Beispiel mit der Grundaufstellung der Figuren. Einer der Spieler (der Anziehende) führt den ersten Zug aus, wodurch eine neue Position entsteht. Nun folgt der Zug des anderen Spielers (des Nachziehenden), und so geht es abwechselnd weiter. Beim Erreichen bestimmter Positionen ist die Partie beendet; das Resultat ist entweder der Sieg eines Spielers oder ein Unentschieden. Beim Schach sind alle Matt- und Pattstellungen solche Schlußpositionen.

Die möglichen Verhaltensweisen der Spieler nennen wir *Strategien.* Bei Positionsspielen besteht eine Strategie in einer Vorschrift, welcher Zug in jeder möglichen Position ausgeführt werden soll. Bei vielen Spielen ist die Anzahl der Positionen und damit auch die Anzahl der möglichen Strategien sehr groß. In dieser Vielfalt, aber auch in dem Umstand, daß kein Mensch (und bei den meisten Spielen auch kein Computer) in der Lage ist, alle Folgen eines während der Partie ausgeführten Zuges bis zur letzten Konsequenz vorherzusehen, liegt der Reiz dieser Spiele.

Die Kernfrage der Spieltheorie ist: Wie muß sich ein Spieler verhalten, um ein möglichst günstiges

Ergebnis zu erzielen, zu gewinnen oder wenigstens nicht zu verlieren? Eine Strategie, die einem Spieler den Gewinn jeder Partie, unabhängig von der Spielweise seines Gegners, sichert, nennen wir eine *Gewinnstrategie*. Bereits 1912 konnte E. ZERMELO (1871–1953) in seinem Vortrag „Über eine Anwendung der Mengenlehre auf die Theorie des Schachspiels", gehalten auf dem V. Internationalen Mathematikerkongreß, nachweisen, daß beim Schach und bei allen „ähnlichen Verstandesspielen" in jeder Position im Prinzip feststeht, ob einer der Spieler eine Gewinnstrategie besitzt und welcher das ist. Wenn kein Spieler eine Gewinnstrategie besitzt, endet jede Partie bei fehlerfreiem Spiel unentschieden. Nach dieser Vorrede wollen wir mit dem Spielen beginnen. Sind Sie bereit?

Drei in einer Reihe

Dieses Spiel ist unter vielen Namen und in vielen Varianten bekannt. Wir beginnen mit einer ganz einfachen Form: Auf ein Brett von 3×3 Feldern setzen Sie und Ihr Gegenspieler abwechselnd rote bzw. schwarze Steine (nur auf freie Felder und ohne gesetzte Steine zu verschieben). Wer zuerst drei Steine in einer Reihe – waagerecht, senkrecht oder diagonal – hat, ist Sieger. Schon nach kurzer Zeit werden Sie in diesem Spiel nicht mehr zu schlagen sein. Ihr Gegner aber auch nicht, denn eine Gewinnstrategie gibt es bei diesem Spiel nicht. Eine typische Schlußposition zeigt Abb. 49 a.

Wenn Sie dieses Spiel perfekt beherrschen, so schlagen Sie doch einmal das folgende vor. Die Spieler streichen abwechselnd jeweils eines der folgenden Wörter ab: BANN, BERG, BOSS, ENDE, ESSE, GAST, GONG, RALF, TORF. Sieger ist derjenige, der als erster drei Wörter gestrichen hat, die einen gemeinsamen Buchstaben besitzen. Wer „Drei in einer Reihe" schon beherrscht, ist im Vorteil, er muß sich die Wörter nur angeordnet denken wie in Abb. 49 b.

Sie haben aber noch weitere Möglichkeiten, Ihre

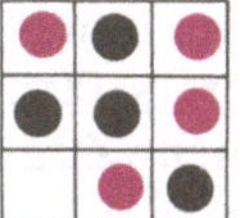

GAST	ESSE	BOSS
RALF	BERG	TORF
BANN	ENDE	GONG

2	9	4
7	5	3
6	1	8

Abb. 49 a, b, c

Fähigkeiten anzuwenden. Nehmen wir dies interessante Spiel: Sie schreiben nebeneinander die Zahlen von 1 bis 9. Dann setzen Sie eine Mark auf eine Zahl und lassen Ihren Gegenspieler einen Pfennig auf eine noch freie Zahl setzen. So geht es abwechselnd weiter, bis ein Spieler auf drei Zahlen mit der Summe 15 gesetzt hat. Dieser bekommt das ganze Geld. Sie können auch Ihren Gegner beginnen lassen.

Bei diesem Spiel gibt es nur acht Gewinnkombinationen, die wir in den Zeilen, Spalten und Diagonalen des magischen Quadrates 3. Ordnung (Abb. 49 c) wiederfinden. Auf diesem müssen Sie also „Drei in einer Reihe" spielen, und Sie können das ohne Angst um Ihr Geld tun, denn bei fehlerfreiem Spiel ist Ihnen stets ein Unentschieden sicher.

Sie können natürlich auch eine andere Variante probieren: Jeder der Spieler erhält nur drei Steine.

Variante 1. Nach dem Setzen darf waagerecht oder senkrecht auf das Nachbarfeld gezogen werden, wenn dieses frei ist.

Variante 2. Es darf waagerecht, senkrecht und auf den beiden langen Diagonalen gezogen werden.

Variante 3. Nach dem Setzen dürfen die Steine beliebig „springen".

Bekannt und beliebt ist auch das folgende, aus

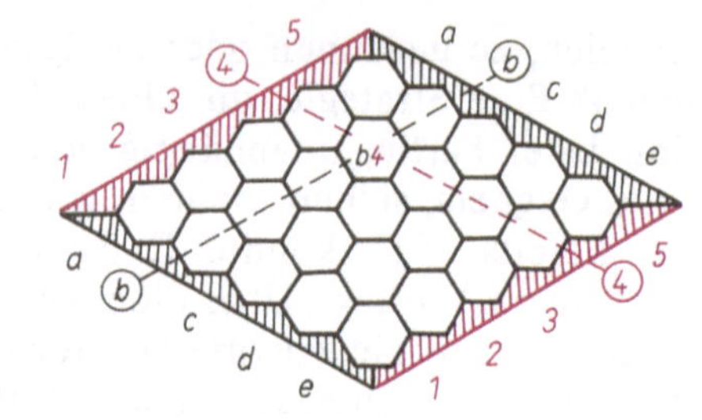

„Drei in einer Reihe" entstandene Spiel: Auf einem hinreichend großen Blatt karierten Papiers setzen die Spieler abwechselnd Kreuze und Nullen. Zum Sieg werden hier fünf Kreuze bzw. Nullen in einer Reihe (waagerecht, senkrecht oder diagonal) benötigt.

Hex – ein Spiel ohne Hexerei

Wenden wir uns nun einem noch wenig verbreiteten Spiel zu, dessen Erfinder der Däne P. HEIN ist (siehe [11]). Als Spielgeräte benötigen wir ein Brett, das wir auch selbst herstellen können, und Spielsteine in zwei verschiedenen Farben, wozu sich Dame- oder Go-Steine eignen. Das Brett besteht aus sechseckigen Feldern (daher auch der Name des Spieles: Hex), die zu einem Rhombus zusammengesetzt sind. Abb. 50a zeigt ein solches Brett im Format 5×5. Gegenüberliegende Ränder sind in den Farben der Spielsteine gefärbt, bei uns rot und schwarz.

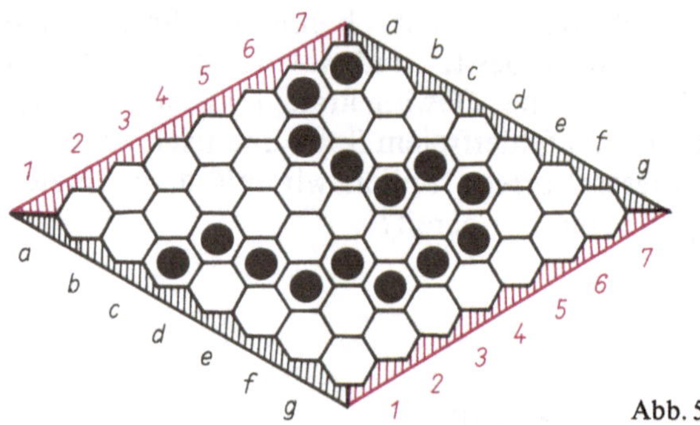

Abb. 50 a, b

Die Größe des Brettes kann man dem Alter, den Fähigkeiten und der Geduld der Spieler anpassen. „Standard" ist ein Brett von 11×11 Feldern.

Die beiden Spieler setzen nun abwechselnd (wobei Rot beginnt) einen Stein ihrer Farbe auf ein noch freies Feld; gesetzte Steine werden weder verschoben noch geschlagen. Das Ziel jedes Spielers besteht darin, eine Kette aus seinen Steinen zu bilden, die die Ränder seiner Farbe miteinander verbindet (Abb. 50b). Sieger ist, wem dies zuerst gelingt.

Ingrid und Ulrich haben sich ein Hex-Brett gebastelt und spielen ihre erste Partie. Die Züge notieren sie wie beim Schach. (Vergleiche Abb. 50, die Kette dort beginnt im Feld c1, verläuft über c2, d2, …, b5, a6 und endet im Feld a7. Die Eckfelder werden beiden anliegenden Rändern zugerechnet.)

Die Partie nahm folgenden Verlauf (Nachspielen!):
1. d4 b4 2. b3 c3 3. b5 a5 4. e2 a6 5. a7 b6 (Ulrich, der

die schwarzen Steine setzt, freut sich, denn er hat schon eine ziemlich lange Kette.) 6. d1 b7 (Ein Rand ist erreicht, aber Ingrid bleibt gelassen.) 7. b2 d2 8. e1 c2 9. c1 f2 10. e4 g1 11. g3 f3 12. f4. Damit ist die Stellung der Abb. 51 erreicht. Ingrid kündigt an, daß sie in zwei Zügen gewinnen wird und erklärt: „Betrachte die Felderpaare a2/a3 und d3/e3 (in Abb. 51 sind sie schraffiert). Wenn es mir gelingt, von jedem dieser Paare ein Feld zu besetzen, ist meine Kette fertig. Du aber kannst das nicht verhindern, denn immer, wenn du eines der Felder besetzt, setze ich auf das andere." Ulrich gibt sich ge-

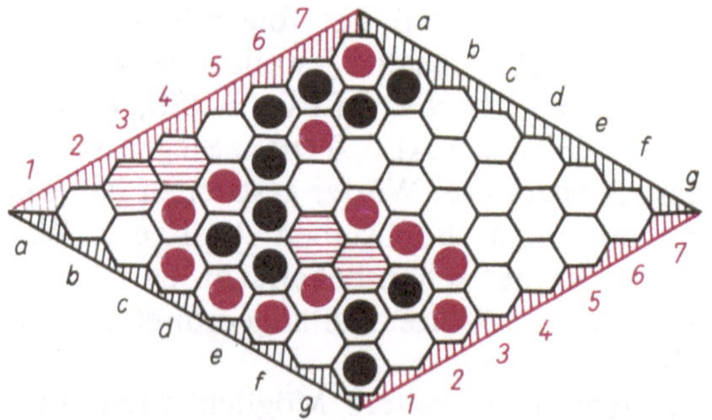

Abb. 51

schlagen und stellt fest, daß es gar nicht so günstig ist, sofort lange Ketten zu bilden. Besser ist es, seine Steine so zu verteilen, daß man viele Anlegemöglichkeiten hat.

Hex ist ein Spiel mit vollständiger Information, wie wir es eingangs beschrieben haben. Das bedeutet, daß entweder einer der Spieler eine Gewinnstrategie besitzt oder bei fehlerfreiem Spiel beider Spieler jede Partie unentschieden endet. Welcher Fall liegt aber vor?

Biber kontra Wassermann

Einer Idee des amerikanischen Mathematikers D. GALE folgend, wollen wir uns überlegen, daß es beim Hex kein Unentschieden geben kann: Wir stellen uns vor, daß die beiden schwarzen Ränder des Brettes die Ufer eines Baches sind. Der Schwarz-Spieler ist ein Biber, der versucht, einen Damm aus sechseckigen Pfosten durch den Bach zu ziehen. Gelingt ihm das, so hat er gewonnen. Gelingt es ihm nicht, dann kann der Rot-Spieler, der Wassermann, gewinnen, indem er einfach dem Weg des Wassers folgt.

GALE gab auch einen exakten Beweis für diesen Sachverhalt, aber die Idee mit dem Wasser ist eigentlich schöner.

Wir wissen jetzt, daß es für einen der Spieler eine Gewinnstrategie geben muß. Aber für welchen? Hier hilft uns die folgende Idee weiter (vergleiche [11]). Wir nehmen an, daß es für den Nachziehenden (also Schwarz) eine Gewinnstrategie gäbe. Dann könnte Rot folgendermaßen vorgehen:

- Er führt einen beliebigen ersten Zug aus.
- Weiter spielt er nach der Gewinnstrategie von Schwarz, indem er so tut, als hätte dieser mit seinem ersten Zug das Spiel eröffnet.
- Muß Rot, dieser Strategie folgend, seinen ersten Zug ausführen, dann macht er wieder einen beliebigen Zug und spielt weiter wie zuvor.

Auf diese Weise spielt Rot nach einer Gewinnstrategie mit dem Vorteil eines zusätzlichen Steines auf dem Brett. So kann er natürlich nicht verlieren. Das

steht aber im Widerspruch dazu, daß Schwarz eine Gewinnstrategie besitzt, weil dann er jede Partie gewinnen müßte. Folglich war unsere Annahme falsch und das Gegenteil richtig: Es gibt eine Gewinnstrategie für den Anziehenden.

Wir sind also wieder etwas klüger: Der Anziehende kann so spielen, daß er bei beliebiger Gegenwehr immer gewinnt. Aber wie soll er spielen? An dieser Stelle versagt (glücklicherweise) unsere Kunst. Für Bretter mit 7×7 oder mehr Feldern konnte bisher noch niemand eine Gewinnstrategie angeben, obwohl ihre Existenz gesichert ist. Das ist kein Grund zum Wundern. Schon im ersten Kapitel dieses Buches waren uns Beweise für die Existenz mathematischer Objekte begegnet, deren konkrete Bestimmung dann ein ganz anderes Problem ist. (Denken Sie an Knobelaufgabe 1!)

▲ Knobelaufgabe 16: Wie muß Rot auf dem 5×5-Brett spielen, um in höchstens sieben Zügen zu gewinnen? Wie muß Schwarz spielen, um nicht schneller zu verlieren?

Sollte Ihnen das Hex-Spiel bald langweilig werden, so vergrößern Sie doch einfach das Brett. Und wenn Sie für jedes Brettformat eine Gewinnstrategie gefunden haben, dann teilen Sie uns diese bitte mit und beschäftigen sich mit einer der folgenden Varianten.

Variante 1. Es wird wie üblich gesetzt, aber wer zuerst eine durchgehende Kette hat, ist Verlierer.

Variante 2. Jeder Spieler erhält eine vorher festgelegte Anzahl von Steinen (mehr, als Felder in einer Reihe sind, aber nicht zu viele, z. B. 11 Steine für ein 7×7-Brett). Sind alle Steine gesetzt, ohne daß ein Spieler gewonnen hat, darf bei jedem folgenden Zug ein Stein auf ein beliebiges freies Feld umgesetzt werden.

Beim Brückenbau

Dem Hex eng verwandt ist das nächste, von D. GALE

erfundene Spiel (siehe [11]), das wir „Brücke" nennen wollen. Der Spielplan ist ein Gitter aus roten und schwarzen Punkten wie in Abb. 52a. Man kann auch auf größeren oder kleineren Gittern spielen, z. B. mit 6×7 oder 4×5 Punkten jeder Farbe.

Die Spieler verbinden abwechselnd jeweils zwei benachbarte Punkte ihrer Farbe waagerecht oder senkrecht (aber niemals schräg!) durch eine Brücke der entsprechenden Farbe. Schon bestehende Brücken dürfen nicht gekreuzt werden. Sieger ist, wer zuerst seine beiden Ufer verbunden hat.

Ingrid und Ulrich haben sich auch dieses Spiel gebastelt. Als Brücken benutzen sie schwarz bzw. rot gefärbte Streichhölzer. Bei einem Gitter von 5×6 Punkten jeder Farbe benötigen sie 21 rote und 20 schwarze Hölzchen.

▲ Knobelaufgabe 17: Wie viele Hölzchen werden für einen Spielplan mit je $n \times (n + 1)$ roten und schwarzen Punkten benötigt ($n = 2, 3, 4, \ldots$)?

Abb. 52b zeigt eine Stellung aus einer Partie zwischen Ingrid und Ulrich. Ulrich (mit Schwarz spielend) kündigt einen Sieg in zwei Zügen an. Wie gelingt ihm das (Rot am Zuge)?

Die Theorie dieses Spiels ist der des Hex sehr ähnlich: Es gibt kein Unentschieden, und der Anziehende besitzt eine Gewinnstrategie. Einen Unterschied aber gibt es: Für „Brücke" sind solche Strategien bereits bekannt, noch dazu für beliebiges Spielformat.

Wer keine Lust zum Basteln hat, kann natürlich auch mit rotem und schwarzem Stift auf kariertem Papier spielen (aber ohne Radiergummi!). Die beim Hex vorgeschlagenen Varianten sind auch hier interessant.

Wer sagt Null?

Eigentlich wollten Ulrich und Roland nur das Subtrahieren üben. Dabei haben sie das Spiel „Wer sagt Null?" erfunden. Am Anfang wird die Zahl 100 auf

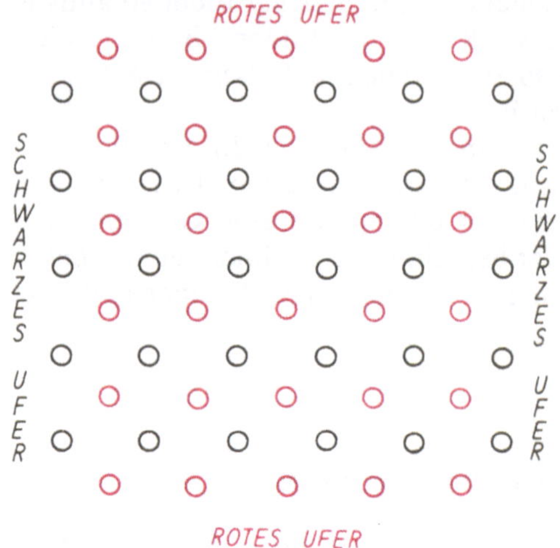

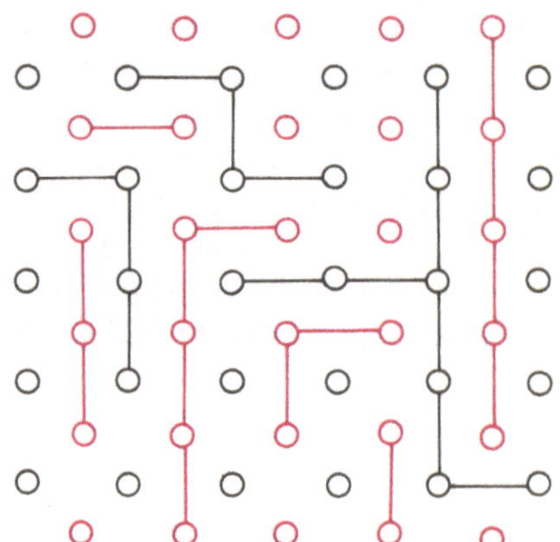

Abb. 52 a, b

ein Blatt Papier geschrieben, dann subtrahiert Ulrich eine natürliche Zahl zwischen 1 und 10 (diese eingeschlossen) und notiert das Ergebnis. Von diesem subtrahiert nun Roland eine Zahl zwischen 1 und 10 und schreibt die Differenz auf. So geht es abwechselnd weiter. Gewinner ist, wer die Zahl Null als Ergebnis erhält.

Die Positionen dieses Spiels sind die Zahlen von 0 bis 100, 100 ist die Anfangsposition, und beim Erreichen der Position 0 ist das Spiel beendet. Ein Zug ist das Subtrahieren einer der Zahlen von 1 bis 10.

Da das Spiel nicht unentschieden enden kann, muß es für einen der Spieler eine Gewinnstrategie geben.

Um herauszufinden, welcher Spieler das ist, können wir folgendermaßen überlegen: Wer die Zahl 11 nennt, wird garantiert gewinnen, da der andere Spieler als nächste Position eine der Zahlen 1 bis 10 nennen muß, von der man zur 0 gelangt. Wer erreicht aber mit Sicherheit die 11? Natürlich derjenige, der die 22 nennt. (Versuchen Sie, das selbst zu begründen!) Diese wiederum erreicht, wer zuvor 33, 44, ..., 88, 99 genannt hatte. Also gewinnt der Anziehende, indem er im ersten Zug 1 subtrahiert und bei jedem weiteren Zug jene Zahl abzieht, die die von dem Gegner gewählte zu 11 ergänzt. Der Zug „subtrahiere 3" ist also immer mit dem Zug „subtrahiere 8" zu beantworten, „subtrahiere 9" stets mit „subtrahiere 2" usw.

Nim(m) – aber die richtige Anzahl!

Dieses Spiel gehört zu den sogenannten *Nim*- (oder Nimm-) Spielen, die wir jetzt beschreiben wollen. Am Beginn des Spiels liegt auf dem Tisch eine Anzahl von Gegenständen, zum Beispiel Knöpfe, auf drei Haufen verteilt. Dies ist die Anfangsposition. Die Spieler ziehen abwechselnd, wobei ein Zug darin besteht, von einem beliebigen Haufen eine beliebige Anzahl Knöpfe wegzunehmen, mindestens einen, aber höchstens so viele, wie auf dem Haufen noch liegen. Wer den letzten Knopf wegnimmt, ist Sieger.

Wir wollen auch für dieses Spiel die „gewinnbringenden" Positionen bestimmen, deren Erreichen den Gewinn der Partie sichert. Dazu gehören alle Positionen mit zwei gleich großen Haufen, während der dritte schon vollständig weggenommen ist. In einer solchen Position muß man nur die Züge des Gegners wiederholen, um zu gewinnen.

Um zu entscheiden, ob die zuletzt entstandene Position eine gewinnbringende ist oder ob sie sich in eine solche überführen läßt, denken wir uns alle Haufen nach Zweierpotenzen zerlegt, also zum Beispiel 7 in $4 + 2 + 1$ oder 13 in $8 + 4 + 1$. Eine Position ist genau dann gewinnbringend (d.h. der Spieler, der sie herbeigeführt hat, gewinnt), wenn alle Zweierpotenzen in genau zwei Haufen vorkommen.

Wie kommen wir nun von einer Position, die diese Eigenschaft nicht hat, zu einer gewinnbringenden? Entscheidend sind stets die größte Zweierpotenz, die drei- oder einmal vorkommt, und ein (oder der) Haufen, der sie enthält. Von diesem Haufen müssen wir Knöpfe wegnehmen. Wir betrachten dazu zwei Beispiele. (Knöpfe suchen und mitspielen!)

In der Position 10/9/6 (d.h., es sind Haufen mit 10, 9 und 6 Knöpfen da) gilt $10 = 8 + 2$, $9 = 8 + 1$ und $6 = 4 + 2$, die Zweierpotenzen $4 = 2^2$ und $1 = 2^0$ kommen nur in je einem Haufen vor. Von dem die größere dieser Potenzen enthaltenden Haufen (das ist der letzte) lassen wir so viele Knöpfe übrig, daß eine gewinnbringende Position entsteht, nämlich $3 = 2 + 1$.

In der Position 14/10/9 gilt $14 = 8 + 4 + 2$, $10 = 8 + 2$ und $9 = 8 + 1$. $8 = 2^3$ kommt in allen drei Haufen vor. Von einem beliebigen Haufen können wir Knöpfe wegnehmen; übrigbleiben müssen stets so viele, daß nunmehr alle Zweierpotenzen in zwei Haufen auftreten. Vom mittleren Haufen müßten $7 = 4 + 2 + 1$ Knöpfe liegenbleiben, 3 werden genommen. Wie viele Knöpfe muß man von den anderen Haufen jeweils wegnehmen?

Was tun wir aber, wenn unser Gegner eine gewinnbringende Position herbeigeführt hat? Wir müssen dann mindestens einen Knopf wegnehmen und zerstören so die gewinnbringende Position, während der Gegner bei seinem nächsten Zug wieder eine solche herstellen kann. Wir können dann nur irgendwelche Züge machen und hoffen, daß der andere die Gewinnstrategie nicht kennt.

Die „Regeln" zum Herbeiführen einer gewinnbringenden Position sehen zunächst ziemlich kompliziert aus, aber mit ein wenig Geduld werden Sie bald in der Lage sein, jede Position richtig einzuschätzen und den besten Zug zu finden. Einen kleinen Vorteil hat, wer mit Dualzahlen rechnen kann: Die Anzahl der Knöpfe in jedem Haufen wird als Dualzahl geschrieben, die drei Zahlen setzen wir untereinander. Wenn in jeder Spalte die Ziffer 1 zweimal oder gar nicht steht, dann ist diese Position eine gewinnbringende. Ausführlicher finden Sie dies in den Büchern [1] und [11] erläutert.

Um das Nim-Spiel noch abwechslungsreicher zu gestalten, empfehlen wir Ihnen folgende Varianten, die man auch „mischen" kann.

Variante 1. Wer den letzten Knopf nimmt, hat verloren.

Variante 2. Bei jedem Zug darf höchstens eine vorher vereinbarte Anzahl von Knöpfen genommen werden.

Variante 3. Bei jedem Zug dürfen Knöpfe aus zwei verschiedenen Haufen genommen werden.

Eine mögliche Mischung der Varianten 2 und 3 ist zum Beispiel: Es dürfen Knöpfe aus ein oder zwei Haufen genommen werden, aber insgesamt höchstens eine vorher vereinbarte Anzahl. Natürlich kann man Nim auch mit mehr als drei Haufen spielen. Es gewinnt dann (bei beiderseits fehlerfreiem Spiel) stets derjenige, der zuerst eine Position herbeiführt, in der alle auftretenden Zweierpotenzen in einer geraden Anzahl von Haufen enthalten sind. Die angeführten Varianten sind auch dann möglich.

Und nun: Viel Spaß beim Spielen!

10. Fünfzehnerspiel und Zauberwürfel

In den Sitzungspausen des Internationalen Mathematikerkongresses 1978 ging ein Spiel von Hand zu Hand, das sich in den folgenden Jahren rasch über die ganze Welt ausbreitete: Der von E. RUBIK aus Budapest erfundene „Zauberwürfel". Eine vergleichbare Begeisterung über ein mathematisches Spielzeug – Diskussionen, Artikel, Bücher, Meisterschaften – hat es in der Geschichte wohl nur einmal gegeben, und zwar bei dem etwa 100 Jahre früher in Mode gekommenen Fünfzehnerspiel. Betrachten wir zunächst dieses ältere der beiden Geschwister.

Abb. 53

Mit den Zahlen 1 bis 15 versehene Steine füllen zusammen mit einem Leerfeld ein 4×4-Quadrat aus. Das ist leicht zu basteln. Die Stellung in Abb. 53 links nennen wir „Grundstellung". Entsprechend den Steinen dieser Grundstellung bezeichnen wir die Felder mit $F1, \ldots, F15$ und das Feld rechts unten mit $F16$. Ein „Zug" besteht darin, einen an das jeweils leere Feld angrenzenden Stein in dieses hineinzuschieben. Nach einigen Zügen ist die Grundstellung durcheinandergeraten, sie ist zur „Ausgangsstellung" der Aufgabe geworden (auch in dieser sei wieder $F16$ leer). Die Aufgabe besteht darin, durch geeignete Züge wieder zur Grundstellung zu kommen.

▲ Knobelaufgabe 18: Wie viele Stellungen (mit Leerfeld rechts unten) gibt es beim „Dreierspiel" mit drei Steinen auf einem 2×2-Quadrat, und wie viele davon lassen sich durch Züge in die entsprechende Grundstellung überführen?

Die Sechsermaske

Wir wollen die Aufgabe des Fünfzehnerspiels durch Teilschritte lösen, die jeweils „wenig" verändern, damit wir die Übersicht nicht verlieren. Ein interessanter Ausschnitt aus dem Fünfzehnerspiel ist einer mit 2×3 Feldern (Abb. 54a). In diesem unterscheiden wir ein linkes und ein rechtes 2×2-Quadrat. Wir wollen uns überlegen: Wenn sich auf dieser Fläche irgendwo die Steine A, B, drei weitere Steine und das Leerfeld befinden, können wir stets die in Abb. 54b gezeigte Position erreichen.

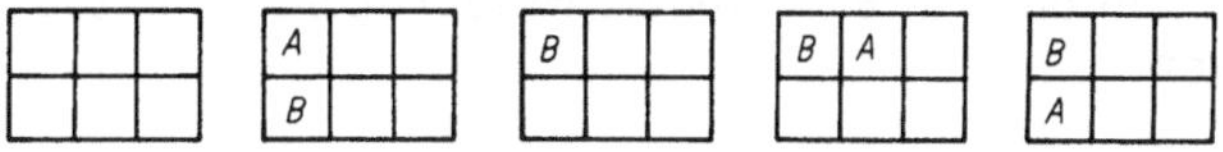

Abb. 54 a, b, c, d, e

Dazu bringen wir zuerst ohne Mühe B nach links oben (Abb. 54c) und das Leerfeld nach unten Mitte.

Fall 1: Ein von A verschiedener Stein steht links unten. Dann erreichen wir leicht Position Abb. 54d und von dort aus 54b.

Fall 2: A steht links unten (Abb. 54e). Dann gehen wir folgendermaßen vor: A nach unten Mitte, B nach unten links, anderer Stein nach links oben; durch Drehen im rechten Teilquadrat A nach rechts unten, anderen Stein nach rechts oben; durch Drehen im linken Teilquadrat B nach links oben. Nun können wir nach Fall 1 die Stellung in Abb. 54b erreichen.

Verfahren zur Lösung des Fünfzehnerspiels

Zuerst sollen beispielsweise die Steine 1 und 5 auf ihre richtigen Plätze gelangen: Wir denken uns eine Sechsermaske auf $F1$, $F2$, $F3$, $F5$, $F6$, $F7$ gelegt und bringen (als „Vorspiel") die Steine 1, 5 und das Leerfeld in den Bereich dieser Maske. Das eigentliche Spiel mit $A = 1$, $B = 5$ leistet dann das Verlangte. Diese Idee benutzen wir bei jeweils anderer Lage der Maske noch fünfmal, ohne die schon eingeordneten Steine zu bewegen! Mit $A = 2$ und $B = 6$ (Maske über $F2$, $F3$, $F4$, $F6$, $F7$, $F8$), dann mit $A = 4$ und $B = 3$ (Maske im Hochformat), mit $A = 7$ und $B = 8$, mit $A = 9$ und $B = 13$, mit $A = 10$ und $B = 14$. Durch Drehen allein im rechten Quadrat der letzten Maske können wir noch Stein 11 einordnen und erhalten $F16$ als Leerfeld.

Wenn nun „von selbst" die Steine 12 und 15 richtig stehen, sind wir fertig. Im folgenden wird bewiesen, daß der andere denkbare Fall (Abb. 55a) bei einem ordnungsgemäß montierten Fünfzehnerspiel (das wirklich einmal in Grundstellung war und seitdem nur durch Züge verändert wurde) nicht eintreten kann.

Unmöglichkeitssatz zum Fünfzehnerspiel

Behauptung: Aus der Grundstellung kann man durch keine Zugfolge zur Stellung in Abb. 55a kommen.

Zum Beweis unterteilen wir alle denkbaren Stellungen in zwei Klassen: Wir zählen die auf den Feldern $F1$ bis $F16$ stehenden Steine der Reihe nach auf (das Leerfeld beachten wir nicht, wo es auch stehen mag) und stellen fest, wie viele Paare von Steinnummern es gibt, die „verkehrt" in Bezug auf die natürliche Reihenfolge stehen. Zur Abb. 55a gehört die Reihenfolge 1, 2, 3, 4, 5, 6, 7, 8, 9, 10, 11, 15, 13, 14, 12; in ihr stehen fünf Paare verkehrt: 15 vor 13,

1	2	3	4
5	6	7	8
9	10	11	15
13	14	12	

1	2	3	4
5	6	7	8
9	10	11	12
13	15	14	

Abb. 55 a, b

15 vor 14, 15 vor 12, 13 vor 12, 14 vor 12. Alle Stellungen mit ungerader Anzahl verkehrter Paare nennen wir ungerade Stellungen – also sind die in Abb. 55a und 55b abgebildeten ungerade. Die anderen Stellungen heißen gerade, insbesondere ist die Grundstellung (0 Stück verkehrte Paare) gerade.

Wenn bei einem Zug das Leerfeld nach links oder rechts „wandert", ändert sich die Anzahl verkehrter Paare nicht. Bewegt es sich nach oben (d. h., ein Stein X zieht nach unten), ändert sich die Anzahl um -3, -1, 1 oder 3, vgl. Tabelle 10: Der Stein X überspringt in der Reihenfolge genau drei Steine C, D, E. Aus den Paaren XC, $X.D$, $X..E$ wird $C..X$, $D.X$, EX – aus jedem „verkehrten" Paar wird ein „richtiges" bzw. umgekehrt.

Tab. 10

| vorher 3 Paare verkehrt → jetzt 0 verkehrt: Änderung -3 |
| vorher 2 Paare verkehrt → jetzt 1 verkehrt: Änderung -1 |
| vorher 1 Paar   verkehrt → jetzt 2 verkehrt: Änderung 1 |
| vorher 0 Paare verkehrt → jetzt 3 verkehrt: Änderung 3 |

Ebenso ändert sich die Anzahl verkehrt stehender Paare stets um eine dieser ungeraden Zahlen, wenn das Leerfeld nach unten wandert.

In der Grundstellung steht das Leerfeld auf $F16$. Steht es irgendwann einmal wieder dort, hat es ebenso viele Bewegungen nach oben wie nach unten hinter sich, also insgesamt eine gerade Anzahl von Bewegungen (wo sich bei jeder die Anzahl verkehrter Paare um eine ungerade Zahl änderte). Insgesamt hat sich folglich die Anzahl verkehrter Paare um eine gerade Zahl verändert. Damit haben wir sogar etwas mehr als unsere Behauptung bewiesen:
Jede aus der Grundstellung durch Züge hervorgegangene Stellung mit Leerfeld auf F16 ist eine gerade Stellung!
Entsprechend läßt sich aus irgendeiner ungeraden Stellung (z. B. einer aus Abb. 55) durch Züge jede ungerade Stellung mit Leerfeld an gleicher Stelle

erzeugen, aber keine gerade mit Leerfeld an gleicher Stelle (oder in der gleichen Zeile oder in der „übernächsten" Zeile).

▲ Knobelaufgabe 19: Kann man beim Spiel mit 8 Steinen im 3×3-Quadrat von der Grundstellung zu einer ungeraden Stellung (mit Leerfeld am ursprünglichen Platz) kommen?

Beim Fünfzehnerspiel gilt: Aus jeder geraden Stellung wird, indem man „mit Gewalt" (außerhalb der erlaubten Züge) genau die Steine 12 und 15 vertauscht, eine ungerade Stellung. Es gibt also gleich viele gerade und ungerade Stellungen. Genau die Hälfte aller denkbaren

$$15! = 15 \cdot 14 \cdot 13 \cdot 12 \cdot 11 \cdot 10 \cdot 9 \cdot 8 \cdot 7 \cdot 6 \cdot 5 \cdot 4 \cdot 3 \cdot 2 \cdot 1$$
$$= 1\,307\,674\,368\,000$$

Stellungen mit Leerfeld auf $F16$ ist gerade, läßt sich also aus der Grundstellung erzeugen bzw. in diese überführen.

Baut man sich das Spiel mit runden Steinen und läßt auch Drehungen des 4×4-Feldes zu, so ist jede Stellung aus jeder erreichbar.

Interessante Stellungen

Abb. 56a und 56b zeigen magische Quadrate, bei denen die Summe in jeder waagerechten, senkrechten oder diagonalen Reihe 30 beträgt. Die anderen Stellungen sind ähnlich regelmäßig wie die Grundstellung aufgebaut, e und f sind Spiegelbilder voneinander. Überlegen Sie selbst einmal, welche der abgebildeten Stellungen sich durch Züge aus der Grundstellung (Abb. 53) erzeugen lassen und was man über Stellungen sagen kann, die sich durch Spiegelungen, Drehungen oder bestimmte andere Veränderungen ergeben!

„Beschränkte" Spiele

Das Einfügen einer „Schranke" soll bedeuten, daß eine gemeinsame Grenze zweier Nachbarfelder für das Überschieben mit Steinen gesperrt ist. Im 2×2-Feld oder 2×3-Feld bedeutet bereits eine Schranke eine wesentliche Einschränkung der Schiebemöglichkeiten. Dagegen kann man im 2×4-Feld eine Schranke so aufstellen, daß alle vorher erreichbaren Stellungen erreichbar bleiben.

▲ Knobelaufgabe 20: Welche Möglichkeiten gibt es im 2×6-Feld, Schranken so anzubringen, daß alle vorher erreichbaren Stellungen erreichbar bleiben?

Sollen die Spielmöglichkeiten nicht eingeschränkt werden, darf man nicht zu viele Schranken aufstellen. Beispielsweise muß jedes Feld mindestens zwei „Ausgänge" behalten, und es muß mindestens zwei zusammenhängende Felder geben, so daß dieses Felderpaar insgesamt mindestens drei Ausgänge nach anderen Feldern hat. Im $2 \times n$-Feld darf man höchstens $n - 3$ Schranken errichten [1]. Beim 3×3-Feld können Sie ausprobieren, daß höchstens eine Schranke möglich ist. Für unser Fünfzehnerspiel geben wir ohne Beweis an: Mehr als 7 Schranken dürfen nicht errichtet werden. Für das Aufstellen von 7 Schranken ohne Einschränkung der Spielmöglichkeiten gibt es sogar mehrere Möglichkeiten, zwei davon zeigt Abb. 57.

15	2	1	12
4	9	10	7
8	5	6	11
3	14	13	

12	15		3
11	1	14	4
2	8	7	13
5	6	9	10

	1	2	3
4	5	6	7
8	9	10	11
12	13	14	15

4	3	2	1
8	7	6	5
12	11	10	9
15	14	13	

	12	8	4
15	11	7	3
14	10	6	2
13	9	5	1

4	8	12	
3	7	11	15
2	6	10	14
1	5	9	13

Abb. 56 a, b, c, d, e, f

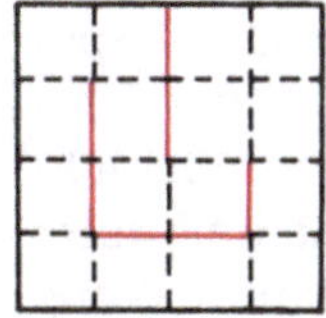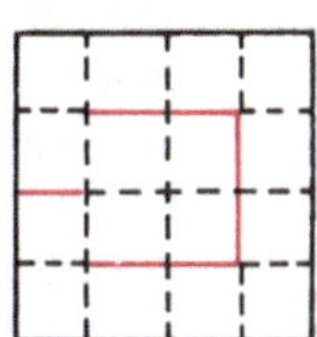

Abb. 57

Der Zauberwürfel und sein Skelett

Der Zauberwürfel oder „Ungarische" Würfel (Abb. 53) besteht aus 27 Teilwürfeln: 1 unsichtbarer Zentrumswürfel, 6 Mittelwürfel mit je einer sichtbaren Fläche, 12 Kantenwürfel (zwei sichtbare Flächen), 8 Eckwürfel (drei sichtbare Flächen). Im „Grundzustand" ist jede der sechs Flächen des Zauberwürfels einheitlich gefärbt. Als „Zug" bezeichnen wir die 90°-Drehung einer äußeren Schicht um ihren Mittelwürfel. Die Mittelwürfel bilden zusammen mit dem Zentrumswürfel das „Skelett", dessen Lage man beim Hantieren mit dem Würfel eigentlich nicht verändern muß. Die Mittelwürfel geben also stets jene Farbe an, die im Grundzustand die gesamte Seitenfläche hat. Die Kanten- und Eckwürfel haben in Bezug auf das Skelett ihren festen Stammplatz im Grundzustand. Unsere Aufgabe besteht darin, von irgendeinem Zustand des Würfels aus durch Züge wieder zum Grundzustand zu kommen.

Die sechs möglichen Züge bezeichnen wir durch Großbuchstaben: V ist die 90°-Drehung der Vorderschicht im Uhrzeigersinn, auch die anderen Züge sollen bei Draufsicht auf die Würfeloberfläche Uhrzeigersinn haben. Anschaulich stellt man die Züge oft durch ihre Wirkung in der Vorderschicht dar (Abb. 58).

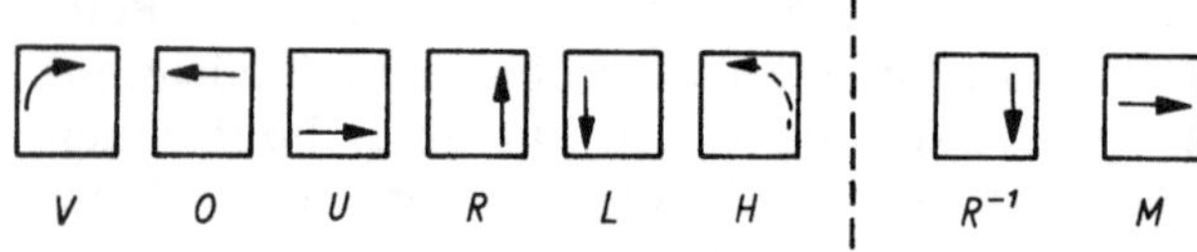

Abb. 58

Durch Aneinanderfügen solcher Züge entstehen „Prozesse", z. B. bedeutet ORU, daß man erst oben, dann rechts, dann unten dreht. Jeder Zug selbst wird auch schon als Prozeß aufgefaßt. Der Exponent (-1) bezeichnet Drehung entgegen der Uhrzeigerrichtung, etwa R^{-1} in der rechten Schicht (Abb. 58). Wir benutzen die Potenzschreibweise $VV = V^2$ usw. Prozesse mit gleicher Gesamtwirkung

nennen wir gleich; z. B. ist $O^2 = O^{-2}$, $U^3 = U^{-1}$, $RL = LR$. Den Prozeß, der gar nichts bewirkt, nennen wir E. Es ist beispielsweise $R^4 = E$, $UU^{-1} = E$.

Auf der Suche nach „einfachen" Prozessen

Heute ist bekannt, daß man mit höchstens 50 Zügen, Umkehrzügen oder Doppelzügen (O^2, U^2, …) von jedem Zustand aus zum Grundzustand kommen kann – aber dazu benötigt man umfangreiche Tabellen. Wie schon beim Fünfzehnerspiel suchen wir auch hier nach einem verständlichen, schrittweisen Verfahren, nach „einfachen" Prozessen, die möglichst wenig am Würfel verändern. Dabei kann uns die mathematische *Gruppentheorie* helfen. Die Prozesse am Zauberwürfel erfüllen nämlich alle vier Forderungen, die der Mathematiker an eine *„Gruppe"* stellt (vgl. [22]):

– Prozesse können (durch Hintereinanderausführen) verknüpft werden, dabei entsteht jeweils ein bestimmter Prozeß.

– Es gilt das *Assoziativgesetz:* $(XY)Z = X(YZ)$ für beliebige Prozesse.

– Es gibt einen Prozeß, dessen Verknüpfung mit anderen gar nichts an den anderen verändert: E.

– Jeder Prozeß kann durch einen „umgekehrten" rückgängig gemacht werden, d. h., zu jedem X gibt es ein X^{-1}, so daß $XX^{-1} = E$ ist. Wenn X aus mehreren Zügen besteht, dann muß natürlich der letzte Zug zuerst rückgängig gemacht werden; z. B. zu $X = OR^{-1}UL$ ist $X^{-1} = L^{-1}U^{-1}RO^{-1}$.

Man beachte, daß das *Kommutativgesetz* nicht gilt. Zwar ist $RL = LR$, aber z. B. ist $RU \neq UR$. Es ist dann auch $(RU)^2 = (RU)(RU) = RURU$ und somit $(RU)^2 \neq R^2U^2$.

Für jedes X aus einer Gruppe mit endlich vielen Elementen gibt es einen kleinsten natürlichen Exponenten $n \neq 0$, so daß $X^n = E$ ist.[1] Dieses n heißt

---

[1] Beweis: Existieren mehr X-Potenzen, als es Gruppenelemente gibt, dann müssen nach dem Schubfachprinzip zwei gleich sein, etwa $X^l = X^m$ mit $l > m$. Es folgt $X^{l-m} = X^0 = E$.

Ordnung von X. Beispielsweise hat jeder Zug die Ordnung 4, R^2 hat die Ordnung 2. Jeder noch so komplizierte Prozeß führt also nach hinreichend häufiger Wiederholung zu E; zum Beispiel $X = RO^2U^{-1}HU^{-1}$ nach 1260facher Wiederholung (das ist die höchste Ordnung beim Zauberwürfel).

Der einfachste Prozeß ist E selbst mit der Ordnung 1. Auf der Suche nach „einfachen" Prozessen achten wir deshalb auf solche, die „beinahe E" sind, die eine niedrige Ordnung haben. Dazu gibt die Gruppentheorie einige allgemeine Hinweise:

– Würde das Kommutativgesetz gelten, so wäre $XYX^{-1}Y^{-1} = E$ (wegen $XYX^{-1}Y^{-1} = YXX^{-1}Y^{-1}$ $= Y(XX^{-1})Y^{-1} = YY^{-1} = E$). Wir hoffen, daß dann, wenn X mit Y nicht vertauschbar ist, als $XYX^{-1}Y^{-1}$ wenigstens „beinahe" E herauskommt. $XYX^{-1}Y^{-1}$ heißt *Kommutator* von X, Y.

– Hat Y die (z. B. niedrige) Ordnung n, so hat für beliebiges X der „*zu Y konjugierte*" Prozeß XYX^{-1} dieselbe Ordnung n.

Beweis:

$$(XYX^{-1})^n = (XYX^{-1})(XYX^{-1})(XYX^{-1})\ldots(XYX^{-1})$$
$$= XY(X^{-1}X)Y(X^{-1}X)Y\ldots(X^{-1}X)YX = XY^nX^{-1}$$
$$= XEX^{-1} = XX^{-1} = E;$$

$(XYX^{-1})^m \neq E$ für m kleiner als n, denn sonst wäre auch $Y^m = (X^{-1}(XYX^{-1})X)^m = \ldots = X^{-1}EX = E$.

– Hat X die Ordnung n und n ist durch $k > 1$ teilbar, so hat X^k die Ordnung $n : k$, die niedriger ist als jene von X.

Beweis:

$$(X^k)^{n/k} = X^n = E, \quad \text{aber} \quad (X^k)^m = X^{km} \neq E \quad \text{für}$$
$$m < \frac{n}{k}.$$

Die Mittelschichtdrehung M

Gelegentlich spricht man auch von einer Mittelschichtdrehung M (Abb. 58 rechts). Diese ist kein Prozeß in unserem Sinne, da sie das Skelett verändert (Platzveränderung der Mittelwürfel!). Die gleiche Wirkung wie mit M, aber bei festem Skelett, wird durch OU^{-1} erreicht, wenn man außerdem noch 90° um den Würfel herumläuft, d. h. statt der Vorderscheibe die linke Scheibe anblickt. Wir werden M nur so benutzen, daß sich das Herumlaufen nach kurzer Zeit wieder aufhebt. Am Beispiel „Kippen eines Kantenwürfels", also am Vorhaben, von der in Abb. 59 links hervorgehobenen Stellung eines Kantenwürfels irgendwie zu der ganz rechts gezeichneten Stellung zu kommen, erläutern wir dies.

Der Kantenwürfel wird durch V in die Mittelschicht heruntergedreht, dort durch M^{-1} auf die andere Seite gebracht, dann durch V wieder hochgedreht (Abb. 59). Damit sich das „Herumlaufen" aufhebt, schließen wir noch M an und merken uns $K' = VM^{-1}VM$ als nützlichen Kipp-Prozeß. K' ist dann auch wieder allein durch Züge darstellbar, $K' = VUO^{-1}ROU^{-1}$, aber das merkt sich schlechter. K' hat die Ordnung 6. Wir können das Kantenkippen mit noch weniger Nebenwirkungen auf andere Teilwürfel bewerkstelligen, wenn wir nicht M^{-1} benutzen, sondern durch MMM „hintenherum" auf die andere Seite der Vorderschicht kommen, denn dort läßt sich jedesmal ein V einschieben, und es entsteht der viel „regelmäßigere" Prozeß $K = VMVMVMVM = (VM)^4$. Viermal M, d. h., das „Herumlaufen" hebt sich auch auf, aber K hat nur

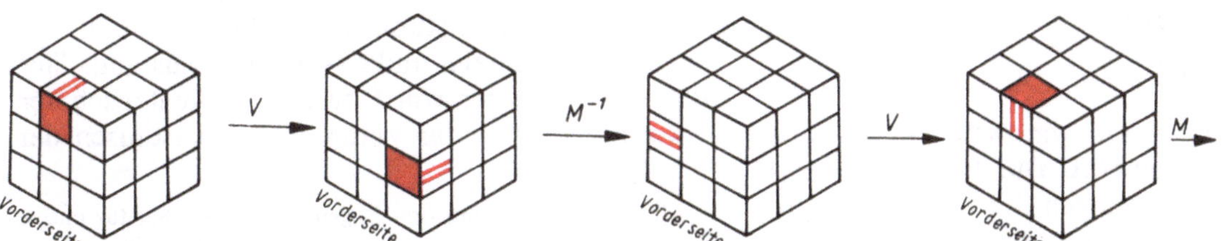

Abb. 59

die Ordnung 2, ist also „einfacher" als K'. Dagegen hat das naheliegende Kantenkippen mit $K'' = VRO$ die Ordnung 80, dürfte also ein ziemlich unbrauchbarer Baustein für ein Gesamtverfahren sein.

▲ Knobelaufgabe 21: Stellen Sie K durch Züge (ohne M) dar!

Aktion 1: Kantenwürfel der ersten Schicht

Als erste Schicht bringen wir die obere in Ordnung. Durch das Skelett wissen wir, welcher Kantenwürfel vorn oben stehen soll.

a) Steht er in der vorderen Schicht, dann drehen wir ihn in dieser nach oben (und wenden bei falscher Kippung noch K' an).

b) Steht er in der unteren Schicht, dann drehen wir ihn in dieser nach vorn und erhalten Fall a).

c) Steht er in der rechten, linken oder hinteren Schicht, dann bewegen wir ihn durch eine Drehung X in der jeweiligen Schicht nach unten und verfahren wie im Fall b). Eventuell führen wir vor dem „Hochdrehen" aber noch X^{-1} aus, falls nämlich vorher in der x-Schicht oben schon der richtige Kantenwürfel stand. $X(\ldots)X^{-1}$ ist übrigens gerade ein konjugierter Prozeß.

Nacheinander können so alle Kantenwürfel der ersten Schicht eingeordnet werden, indem wir den gesamten Würfel jeweils so in die Hand nehmen, daß ihr Stammplatz vorn oben ist.

Aktion 2: Eckwürfel der ersten Schicht

Durch das Skelett wissen wir, welcher Eckwürfel vorn oben rechts hingehört. Durch ein „Vorspiel" wie bei Aktion 1 (Drehungen der unteren Scheibe oder konjugierte Prozesse davon) erreichen wir

leicht, daß der fragliche Eckwürfel vorn unten rechts steht (Abb. 60). Wir müssen ihn nur noch „hochziehen", allerdings ohne dabei Kantenwürfel oder schon eingeordnete Eckwürfel der ersten Schicht (graue Würfel in Abb. 60) zu „verderben".

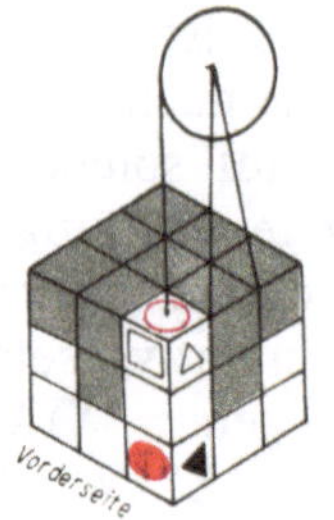
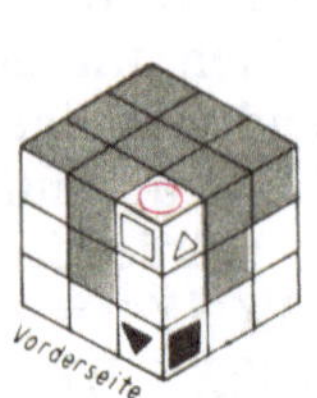

Abb. 60 a, b, c

a) Im Fall Abb. 60a zeigt die Farbe, die in die Deckfläche des Zauberwürfels gehört, nach rechts. Wir betrachten jene Stelle, wo der Eckwürfel hin soll, als Förderkorb eines Aufzuges, den Eckwürfel selbst als das zu fördernde Objekt. Dann ergibt sich naheliegend und einprägsam, was zu tun ist (Abb. 61): „freimachen" mit U, „absenken" des Förderkorbes mit V, „austauschen" mit U^{-1}, „hochziehen" mit V^{-1}.[1]

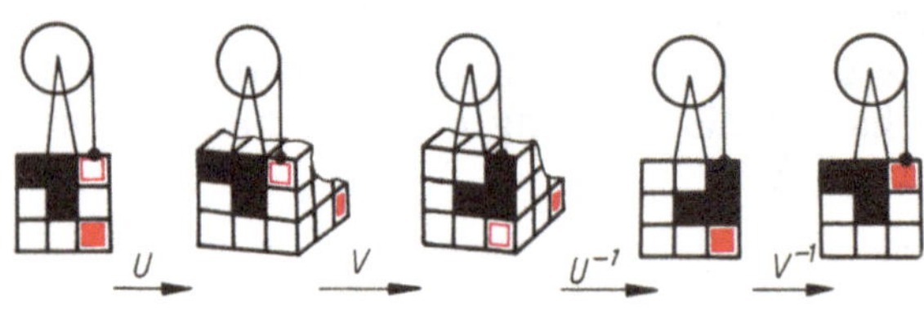

Abb. 61

Dieser wichtige Prozeß „Förderkorb" $F = UVU^{-1}V^{-1}$ ist ein Kommutator, dessen Nebenwirkungen wir einmal ganz genau studieren wollen (Abb. 62): Der Vergleich des linken und des rechten Zustands läßt die drei Wirkungen von F erkennen: Austausch der Eckwürfel α, β (unter Verdrehung), Austausch der

---

[1] All das geht auch mit drei Zügen $R^{-1}U^{-1}R$, aber für unsere weiterführenden Betrachtungen ist das nicht ausbaufähig.

Eckwürfel *a, b* (unter Verdrehung), *zyklischer* Austausch der Kantenwürfel 1, 2, 3. Alle anderen Teilwürfel bleiben insgesamt (!) unverändert; ihre vor-

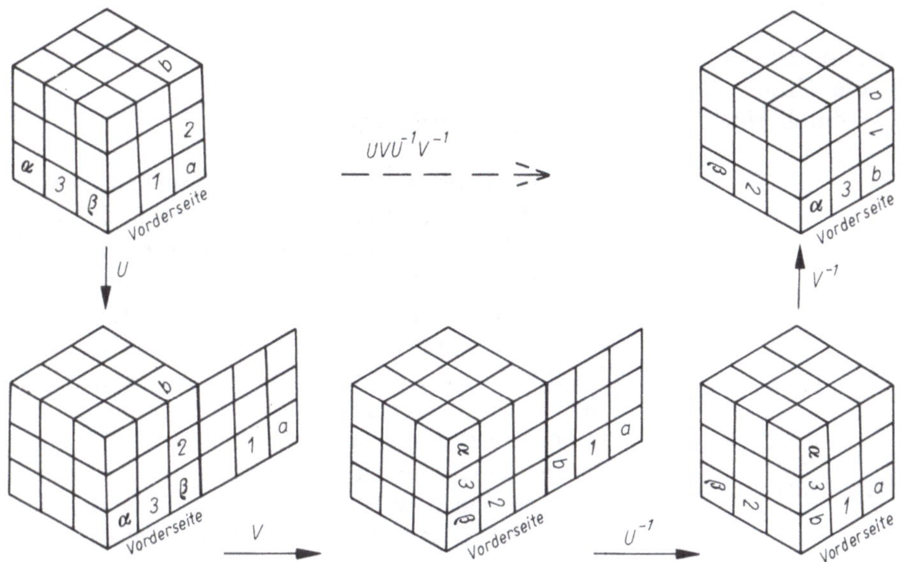

Abb. 62

übergehende Platzänderung wurde nicht eingezeichnet. F hat die Ordnung 6.

b) Die in die Deckfläche des Zauberwürfels gehörende Farbe zeigt nach vorn. Dann wird die „Fördereinrichtung" über der rechten Scheibe des Zauberwürfels angebracht (Abb. 60 b), und es ergibt sich sinngemäß $F' = U^{-1}R^{-1}UR$.

c) Der Fall, daß die in die Deckfläche gehörende Farbe nach unten zeigt (Abb. 60 c), wird durch eine Vorbehandlung auf einen der Fälle a) oder b) zurückgeführt, z.B. $R^{-1}URU^{-1}U^{-1}$ und dann F wie im Fall a). Das letzte U^{-1} der Vorbehandlung und das erste U von F ergeben zusammen E, können also gemeinsam weggelassen werden.

Aktion 3: Kantenwürfel der zweiten Schicht

In der zweiten Schicht (Mittelschicht) brauchen wir nur die Kantenwürfel einzuordnen. Wir betrachten

den Kantenwürfel vorn rechts. Falls er sich in der unteren Scheibe befindet, kommen wir durch deren Drehung auf einen der Fälle a) oder b) in Abb. 63.

Abb. 63 a, b

Fall a) wird im Prinzip durch F erledigt (vgl. Würfel 1 in Abb. 62). Aber bei F würde der schon eingeordnete Eckwürfel der ersten Schicht wieder verdorben (Austausch a, b in Abb. 62). Deshalb vertauschen wir *vor* Anwendung von F die Eckwürfel a, b so, daß sie durch F dann wieder in Ordnung kommen. Dies ermöglicht F', so daß der Fall a) insgesamt durch $F'F$ gelöst ist. Analog wird Fall b) durch FF' gelöst.

Falls aber der benötigte Kantenstein selbst in der Mittelschicht steht, gerät er in die Unterschicht, wenn wir ihn mittels FF' oder $F'F$ durch einen anderen Kantenwürfel verdrängen – möglichst gleich durch den richtigen.

Aktion 4: Kantenwürfel der letzten Schicht plazieren

Wir nehmen die noch zu ordnende letzte Schicht jetzt nach *vorn* und stellen uns die Aufgabe, die Kantenwürfel (ohne Rücksicht auf Verkippungen) zunächst einmal an den richtigen Platz zu bringen.

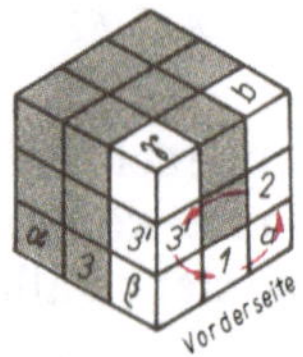
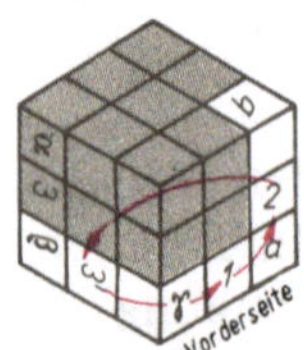

Abb. 64 a, b, c

V realisiert die *zyklische Vertauschung* aller vier Kantenwürfel in Uhrzeigerrichtung (Abb. 64 a). Wir erarbeiten uns nun eine zyklische Wanderung von nur drei Kantenwürfeln entgegen der Uhrzeigerrichtung (Abb. 64 b); schließlich haben wir mit F ja fast eine solche (Teilwürfel 1, 2, 3 in Abb. 62). Aber die Teilwürfel α, 3 in Abb. 64 b dürfen nicht wieder verdorben werden, und es soll ja nicht 3 wie in F, sondern es soll 3' (Abb. 64 b) in den Zyklus kommen. Das erreicht man, indem zuerst L ausgeführt wird (Abb. 64 c), dann unser F (die Vertauschung der Eckwürfel a, b und β, γ der letzten Schicht stört nicht), dann wieder L^{-1}.

Durch Kombination von diesem zu F konjugierten Prozeß LFL^{-1} mit V können wir alle benötigten Vertauschungen von Kantenwürfeln der Vorderschicht erreichen. Beispielsweise liefert $VLFL^{-1}$ die Vertauschung zweier Kantenwürfel (vorn links, vorn oben) mit Nebenwirkungen nur in Eckwürfeln der Vorderschicht.

Der entscheidende Trick

Bis zur Aktion 4 kamen wir bei jedem (auch bei einem falsch montierten) Zauberwürfel, alles war anschaulich zu verstehen. Im folgenden brauchen wir eine neue Idee, denn es ist nun schwierig geworden, das Ordnen der letzten Schicht fortzusetzen, ohne schon Erreichtes zu verderben. Wir benötigen eigentlich „Einschichtprozesse", d. h. solche, die alle Teilwürfel der anderen beiden Schichten fest lassen. Diese sind (abgesehen von der Drehung der letzten Schicht selbst) schwer zu finden. Deshalb freuen wir uns bereits über „Beinahe-Einschichtprozesse": Bei diesen bleiben die Teilwürfel der anderen beiden Schichten nicht unbedingt alle fest, aber sie bleiben wenigstens in den anderen beiden Schichten.

Mit einem interessanten Trick lassen sich aus jedem Beinahe-Einschichtprozeß leicht Einschichtprozesse erzeugen. Nehmen wir etwa an, wir hätten einen Prozeß P, bei dem alle Teilwürfel der oberen Schicht nur untereinander und alle Teilwürfel der anderen beiden Schichten ebenfalls nur untereinander ausgetauscht werden (also einen Beinahe-Einschichtprozeß bezüglich der oberen Schicht). P habe die Ordnung n, $P^n = E$. Nach n-maliger Wiederholung von P ist also insbesondere jeder Teilwürfel der Mittelschicht und jeder Teilwürfel der unteren Schicht wieder dort, wo er ursprünglich war. Daran ändert sich nichts, wenn zwischendurch ab und zu einmal O ausgeführt wird, denn das „merken" die Teilwürfel der Mittelschicht und Unterschicht doch gar nicht! Also ist $P^{n_1}OP^{n_2}OP^{n_3}O\ldots OP^{n_m}O$ mit $n_1 + n_2 + \ldots + n_m = n$ ein Einschichtprozeß bezüglich der oberen Schicht. Allgemeiner erhält man das auch bei $n_1 + n_2 + \ldots + n_m = sn$ mit ganzzahligem s, denn $P^{sn} = (P^n)^s = E^s = E$.

Aktion 5: Kantenwürfel der letzten Schicht kippen

Wir nehmen die letzte Schicht nach *oben*. Unser Kipp-Prozeß K ist ein Beinahe-Einschichtprozeß, er bewirkt in der Oberschicht nichts anderes als das Kippen des Kantenwürfels vorn oben. K hat die Ordnung $n = 2$.

Falls die Anzahl der zu kippenden Kantenwürfel gerade ist, etwa gleich $2s$ mit ganzzahligem s, können wir also folgendermaßen vorgehen: Durch Drehung der Oberschicht den ersten zu kippenden Kantenwürfel nach vorn bringen, K durchführen, dann durch Drehen der Oberschicht (nicht etwa durch Drehen des ganzen Würfels!) den nächsten zu kippenden Kantenwürfel nach vorn bringen, K durchführen, usw. Die insgesamt $2s$-malige Anwendung von K hebt sich dann wegen $2s = sn$ in Mittelschicht und Unterschicht auf. Wir haben insgesamt einen Einschichtprozeß durchgeführt.

Erster Unmöglichkeitssatz für den Zauberwürfel: Der andere denkbare Fall, daß die Anzahl der zu kippenden Kantenwürfel ungerade ist, kann bei einem ordnungsgemäß montierten Zauberwürfel (der wirklich einmal im Grundzustand war und seitdem nur durch Züge verändert wurde, nicht etwa durch Herausbrechen von Teilwürfeln und unbedachtes Zusammensetzen) nicht eintreten.

Abb. 65

Zum Beweis denken wir uns alle Plätze (!) für Kantenwürfel mit einer „Polung" versehen (Abb. 65). Alle Kantenwürfel sollen im Grundzustand so beschriftet sein wie die Polung ihrer Stammplätze. Man sieht leicht: Bei jedem Zug werden genau vier Kantenwürfel „umgepolt". Deshalb ändert sich bei jedem Zug die Anzahl der falsch gepolten Kantenwürfel um eine gerade Zahl (vgl. die Überlegung beim Fünfzehnerspiel, aber dort wurden jeweils drei

Paare „umgepolt"; Tab. 10). Somit kann, wenn nach Aktion 4 alle Kantenwürfel auf ihrem Stammplatz sind, nicht eine ungerade Anzahl gekippt (falsch gepolt) stehen.

Aktion 6: Eckwürfel der letzten Schicht plazieren

Wir nehmen die letzte Schicht nach *rechts*. Bezüglich der rechten Scheibe ist F^3 ein Beinahe-Einschichtprozeß (durch die dreimalige Wiederholung hebt sich die zyklische Vertauschung der Kantenwürfel 1, 2, 3 in Abb. 62 heraus), in der rechten Schicht bewirkt er nichts anderes als die Vertauschung der Eckwürfel a, b in Abb. 62. Da F die Ordnung 6 hat, besitzt F^3 die Ordnung $n = 2$.

Wir kombinieren nun F^3 mit R, so daß die zu vertauschenden Eckwürfel nacheinander die Plätze vorn links oben und vorn links unten einnehmen

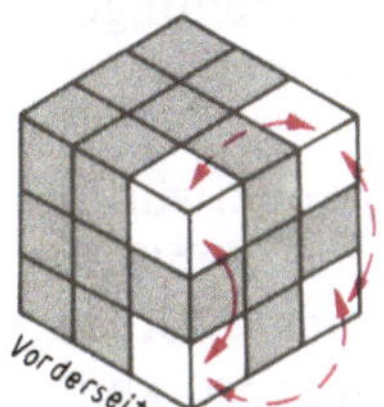

Abb. 66

(Abb. 66). Falls die Anzahl der nötigen Vertauschungen insgesamt gerade ist, hebt sich die Wirkung von F^3 wegen $n = 2$ in den anderen beiden Schichten auf. Falls sie ungerade wäre, bliebe ein Paar noch zu vertauschender Eckwürfel übrig.

Zweiter Unmöglichkeitssatz für den Zauberwürfel: Eine Stellung, bei der alle Teilwürfel mit Ausnahme allein eines Paares auf ihrem Stammplatz stehen, kann bei einem ordnungsgemäß montierten Zauberwürfel nicht entstehen.

Diese Aussage erinnert uns an den Unmöglichkeitssatz beim Fünfzehnerspiel – und die dortige Beweisidee läßt sich tatsächlich übertragen [4], [18].

Aktion 7: Eckwürfel der letzten Schicht drehen

Alle Teilwürfel sind an ihrem Stammplatz, die Eckwürfel der letzten Schicht eventuell noch verdreht. Wir nehmen die letzte Schicht wieder nach *oben*.

Dann ist F^2 ein Beinahe-Einschichtprozeß. In der oberen Schicht bewirkt er nichts außer der Verdrehung des Eckwürfels vorn rechts oben (Würfel a in Abb. 62 links) um $\frac{1}{3}$ entgegen dem Uhrzeigersinn. Da F die Ordnung 6 hat, besitzt F^2 die Ordnung $n = 3$.

Wir kombinieren F^2 mit 0, so daß nacheinander die zu verdrehenden Eckwürfel auf den Platz vorn rechts oben kommen. Falls die Anzahl der $\frac{1}{3}$-Drehungen von Eckwürfeln (entgegen Uhrzeigersinn) insgesamt durch 3 teilbar ist, hebt sich die Anwendung von F^2 wegen $n = 3$ in den andern beiden Schichten auf, und wir erreichen glücklich den Grundzustand. Also beispielsweise, wenn drei Eckwürfel je eine $\frac{1}{3}$-Drehung brauchen bzw. einer eine $\frac{1}{3}$- und einer eine $\frac{2}{3}$-Drehung. Für $\frac{2}{3}$-Drehungen kann man ja F^4 verwenden, d.h. wenn F^2 nicht zum Ziel führt, nochmals F^2 anwenden.[1]

Dritter Unmöglichkeitssatz für den Zauberwürfel: Eine Stellung, in der alle Eckwürfel am richtigen Platz stehen und die Gesamtzahl der noch erforderlichen $\frac{1}{3}$-Drehungen nicht durch 3 teilbar ist, kann bei einem ordnungsgemäß montierten Zauberwürfel nicht entstehen.

Der Beweis ähnelt dem zum ersten Unmöglichkeitssatz, jedoch werden jetzt Grund- und Deckfläche des Zauberwürfels mit +, die anderen vier Flächen mit − gepolt. Die Verdrehungen der Eckwürfel zählt man anhand dieser Polung, sie ändern sich bei einem Zug stets um null oder sechs, bei jedem Prozeß dann also um ein Vielfaches von drei [4], [18].

---

[1] Falls man die Notwendigkeit einer $\frac{2}{3}$-Drehung gleich erkennt, kommt man wegen $F^4 = (F^2)^{-1} = (UVU^{-1}V^{-1}UVU^{-1}V^{-1})^{-1} = VUV^{-1}U^{-1}VUV^{-1}U^{-1}$ mit acht Zügen aus.

Wie viele Gesichter hat der Zauberwürfel?

Beim Montieren eines zerlegten Zauberwürfels (Skelett fest!) haben wir $8! = 8 \cdot 7 \cdot 6 \cdot 5 \cdot 4 \cdot 3 \cdot 2 \cdot 1$ Möglichkeiten, die Eckwürfel auf die Eckwürfelplätze zu verteilen, entsprechend $12! = 12 \cdot 11 \cdot 10 \cdot 9 \cdot 8 \cdot 7 \cdot 6 \cdot 5 \cdot 4 \cdot 3 \cdot 2 \cdot 1$ bei den Kantenwürfeln. Jeden der 12 Kantenwürfel können wir „richtig" oder „falsch gepolt" einsetzen, das ergibt 2^{12} Möglichkeiten; jeden Eckwürfel „richtig", „$\frac{1}{3}$-verdreht" oder „$\frac{2}{3}$-verdreht", das ergibt 3^8 Möglichkeiten. Durch die drei Unmöglichkeitssätze gilt jedoch für die richtige Montage des Zauberwürfels: Der letzte Kantenwürfel darf nur auf *eine der beiden* denkbaren Weisen an den freien Kantenwürfelplatz gelangen. Die letzten beiden Eckwürfel können wir nur auf *eine der beiden* denkbaren Weisen auf die letzten beiden Eckwürfelplätze verteilen. Der letzte Eckwürfel darf nur auf *eine der drei* denkbaren Weisen an den freien Eckwürfelplatz gelangen. Deshalb ist die Anzahl der durch Montieren erreichbaren Stellungen durch $2 \cdot 2 \cdot 3$ zu dividieren, wenn man die Anzahl der durch „richtiges Montieren" möglichen Stellungen angeben will:

$$\frac{8! \cdot 12! \cdot 2^{12} \cdot 3^8}{2 \cdot 2 \cdot 3} = 43\,252\,003\,274\,489\,856\,000.$$

Weil wir mit unseren 7 Aktionen jeden Zustand, der nicht den drei Unmöglichkeitssätzen widerspricht, tatsächlich in den Grundzustand überführen können, ist auch umgekehrt jedes dieser reichlich 43 Trillionen Gesichter durch Prozesse erreichbar. Für noch weitergehende mathematische Beschäftigung mit dem Zauberwürfel sei auf [18] verwiesen, wo auch über verwandte Spiele ($4 \times 4 \times 4$-Würfel, Tetraeder, …) einiges nachzulesen ist, ebenso über weitere Verfahren zum Ordnen des Würfels.

Unser Universalprozeß F ist der Kommutator $UVU^{-1}V^{-1}$, bei dem die gemeinsame Kante (vorn unten) von den ersten beiden Zügen „entgegengesetzt bearbeitet" wird (Abb. 67). Es gibt genau einen anderen Grundtyp, wo die den Kommutator erzeugenden Züge die Kante „gleichsinnig" bearbeiten, $UV^{-1}U^{-1}V$, auch auf diesem läßt sich alles aufbauen [19].

Abb. 67

11. Der kalkulierbare Zufall

Gesucht: Ein Maß für das Glück

Entgegen der Aufforderung „Mensch, ärgere Dich nicht" ärgert sich Uwe doch. Während seine Freunde schon eifrig kämpfen, hat er nach neun Würfen immer noch keine „Sechs" erhalten, die ihm die Teilnahme am Spiel ermöglichen würde. So bedauerlich dieses Ereignis für Uwe auch sein mag, es ist doch nichts anderes als ein mögliches Ergebnis des Zufalls – genauso wie die Tatsache, daß Petra bereits im ersten Wurf eine „Sechs" gewürfelt hat. (Wir wollen dabei stets voraussetzen, daß es sich um mathematisch exakte Würfel aus homogenem Material handelt.)

Haben Sie auch das Gefühl, daß Uwes Pech (Eintreten des unerfreulichen Ereignisses $E_1 = $ „in 9 Würfen erscheint keine Sechs") viel größer ist als Petras Glück (Eintreten des erfreulichen Ereignisses $E_2 = $ „im ersten Wurf erscheint eine Sechs")? Wenn ja, dann versuchen Sie doch einmal, Ihre Meinung einem Bekannten zu begründen! Sicher werden Sie dabei merken, daß dies nicht so ohne weiteres möglich ist. Besser wäre es da schon, wenn wir das Pech des einen bzw. das Glück des anderen Spielers objektiv messen könnten, etwa durch je eine Zahl. Ein Vergleich dieser beiden Zahlen würde uns dann jegliche langatmige Begründung ersparen.

Untersuchen wir zunächst Petras Glück, das im Eintreten des Ereignisses E_2 bestand. Insgesamt sind bei einem Wurf sechs verschiedene Ergebnisse (die Zahlen 1 bis 6) möglich, die untereinander völlig gleichberechtigt sind – da es sich um einen „guten" Würfel handelt. Weil von diesen sechs Ergebnissen genau eines (nämlich die Zahl 6) zu dem eingetretenen Ereignis E_2 führt, liegt es nahe, Petras Glück durch die Zahl $\frac{1}{6}$ zu messen. Diese Zahl nennt man die *Wahrscheinlichkeit* des Ereignisses E_2 und schreibt dafür $P(E_2) = \frac{1}{6}$.[1]

Natürlich können wir uns bei einem solchen Wurf auch für andere Ereignisse interessieren. Betrachten wir z. B. das Ereignis $E_3 = $ „bei einem Wurf wird eine gerade Zahl gewürfelt". Von den sechs möglichen Würfelergebnissen sind drei (nämlich die Zahlen 2, 4 und 6) für das Ereignis E_3 „günstig", deshalb setzt man $P(E_3) = \frac{3}{6} = \frac{1}{2}$. Wir sehen, daß das Ereignis E_2 eine kleinere Wahrscheinlichkeit als das Ereignis E_3 hat, d. h., es ist unwahrscheinlicher als E_3. Wenn also von zwei Spielern der eine auf das Ereignis E_2 und der andere auf das Ereignis E_3 wartet, dann hat sicher der erste Spieler weniger Aussicht auf Erfolg als der zweite. Dafür hat er aber, wenn „sein" Ereignis E_2 tatsächlich eintritt, eben mehr Glück gehabt als der zweite Spieler beim Eintreten von E_3.

Fassen wir zusammen: *Wenn bei einem Versuch eine endliche Anzahl m von gleichberechtigten Ergebnissen möglich ist, von denen g für ein bestimmtes Ereignis E günstig sind, dann heißt die Zahl $P(E) = \frac{g}{m}$ die Wahrscheinlichkeit des Ereignisses E.* Je kleiner diese Zahl ist, umso unwahrscheinlicher ist das betreffende Ereignis und umso größer ist dafür das Glück (bzw. bei einem unerfreulichen Ereignis das Pech), wenn es eintritt. Die Idee, das Verhältnis $\frac{g}{m}$ als ein Maß für das Glück zu verwenden, stammt von dem französischen Mathematiker P. S. LAPLACE (1749 bis 1827).

Berechnen Sie doch einmal zur Übung die Wahrscheinlichkeit dafür, daß bei einem Wurf mit einem Spielwürfel eine Quadratzahl, eine negative Zahl, eine Zahl kleiner als 10 bzw. eine Primzahl fällt! Wer dabei nicht die Ergebnisse $\frac{1}{3}$, 0, 1 bzw. $\frac{1}{2}$ er-

---

[1] Die Abkürzung P stammt von „probabilité", dem französischen Wort für „Wahrscheinlichkeit".

halten hat, muß seine Überlegungen überprüfen (bitte beachten: die Zahl 1 ist keine Primzahl)!

Wir wollen nun die Wahrscheinlichkeit des bei Uwes Würfen eingetretenen Ereignisses E_1 berechnen. Dazu bestimmen wir zunächst die Anzahl m aller möglichen Ergebnisse bei 9 Würfen. Da nach jedem der 6 möglichen Ergebnisse des 1. Wurfes beim 2. Wurf ebenfalls 6 Ergebnisse eintreten können, haben wir nach 2 Würfen insgesamt $6 \cdot 6 = 6^2 = 36$ gleichberechtigte Versuchsergebnisse. Zu jedem davon gibt es 6 Ergebnisse des 3. Wurfes, so daß nach 3 Würfen $6^3 = 216$ Versuchsergebnisse möglich sind. Nun ist klar, daß bei 9 Würfen insgesamt $6^9 = 10\,077\,696$ gleichberechtigte Versuchsergebnisse auftreten können. Jetzt brauchen wir noch die Anzahl g derjenigen Versuchsergebnisse, die zu dem Ereignis E_1 führen. Damit dieses Ereignis eintritt, muß ja in jedem der 9 Würfe eine der Zahlen 1, 2, 3, 4 oder 5 gewürfelt werden. Für jeden Wurf gibt es somit 5 „günstige" Möglichkeiten, insgesamt also $5^9 = 1\,953\,125$. Mit diesen Zahlen erhalten wir nun nach der Laplaceschen Formel

$$P(E_1) = \frac{g}{m} = \frac{1\,953\,125}{10\,077\,696} \approx 0{,}193\,8 > \frac{1}{6} = P(E_2).$$

Das bei Uwes neun Würfen eingetretene Ereignis E_1 ist also sogar wahrscheinlicher als das bei Petras erstem Wurf eingetretene Ereignis E_2; er hatte also gar nicht so großes Pech, wie es uns zunächst erschien. Wie sehr hat uns unser Gefühl doch wieder einmal getrogen!

▲ Knobelaufgabe 22: Zwischen Peters und Karins Heimatorten gibt es drei Wege. Wie groß ist die Wahrscheinlichkeit, daß sich Peter und Karin unterwegs begegnen, wenn sie zur gleichen Zeit in ihrem Heimatort loslaufen und dabei jeweils einen beliebigen der drei möglichen Wege auswählen?

Bäume, die nicht in den Himmel wachsen

Es ist nicht immer leicht, die Wahrscheinlichkeit eines Ereignisses E nach der Laplaceschen Formel $P(E) = \dfrac{g}{m}$ zu berechnen, da die Bestimmung der Zahlen m und g mitunter recht kompliziert ist (ein Beispiel ist etwa die Berechnung von Uwes „Pechzahl" im vorigen Abschnitt). Mehr noch: Ist eine der beiden Voraussetzungen (endliche Anzahl gleichberechtigter Versuchsergebnisse) nicht erfüllt, dann kann diese Formel überhaupt nicht angewendet werden. Deshalb gibt es in der Wahrscheinlichkeitsrechnung Sätze, die die Berechnung unbekannter Wahrscheinlichkeiten aus bekannten Daten (meist sind das selbst wieder Wahrscheinlichkeiten) ermöglichen. Einen dieser Sätze wollen wir an folgendem Beispiel erläutern:

Wie groß ist die Wahrscheinlichkeit, bei zwei aufeinanderfolgenden Würfen genau eine Quadratzahl zu würfeln?

Bezeichnen wir mit Q_1 und Q_2 die Ereignisse, daß im 1. bzw. im 2. Wurf eine Quadratzahl gewürfelt wird, so gilt ja $P(Q_1) = P(Q_2) = \dfrac{1}{3}$. Weiter seien $\overline{Q}_1$ und $\overline{Q}_2$ die Ereignisse, daß im 1. bzw. 2. Wurf keine Quadratzahl fällt (d.h., es wird eine der Zahlen 2, 3, 5 oder 6 gewürfelt), dann gilt $P(\overline{Q}_1) = P(\overline{Q}_2) = \dfrac{2}{3}$.

Nun können wir die möglichen Fälle bei zwei Würfen in Form eines „Baumes" mit „Knospen" und „Ästen" darstellen (Abb. 68). Aus diesem „Baum" erhält man die Wahrscheinlichkeit des Ereignisses $E_4 = $ „in zwei Würfen genau eine Quadratzahl" nach folgender Vorschrift:

a) Markieren Sie alle Wege, die das gesuchte Ereignis liefern.

b) Multiplizieren Sie für jeden der „günstigen" Wege die Wahrscheinlichkeiten der einzelnen „Äste".

c) Addieren Sie diese Produkte; diese Summe ist dann die gesuchte Wahrscheinlichkeit.

In unserem Beispiel muß in einem der beiden Würfe eine Quadratzahl und im anderen eine

Nicht-Quadratzahl fallen; dementsprechend sind in Abb. 68 die möglichen Wege markiert.

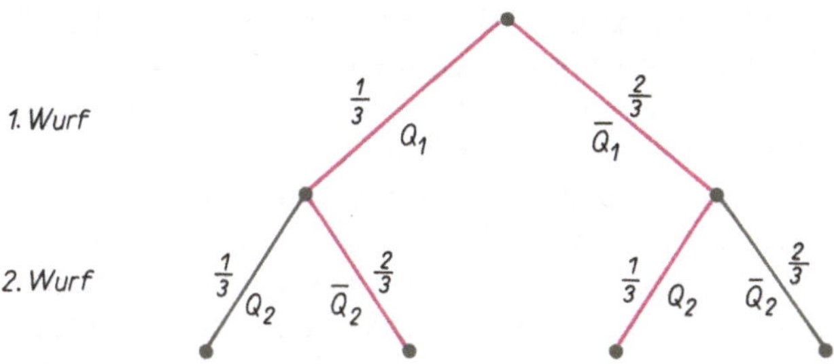

Abb. 68

Also gilt nach b) und c)

$$P(E_4) = \frac{1}{3} \cdot \frac{2}{3} + \frac{2}{3} \cdot \frac{1}{3} = \frac{2}{9} + \frac{2}{9} = \frac{4}{9} \approx 0{,}44.$$

Zur Übung sollten Sie einmal die in der Knobelaufgabe 22 gesuchte Wahrscheinlichkeit mit Hilfe eines Baumes berechnen! (Die beiden „Stufen" entsprechen dabei den Entscheidungen von Peter bzw. Karin.)

Wir wollen die „Baumregel" (die die Mathematiker *Satz von der totalen Wahrscheinlichkeit* nennen) noch zur Lösung eines etwas komplizierteren Beispiels benutzen: Aus einem gut gemischten Skatspiel mit 32 Karten werden zwei Karten gezogen, wobei die erste Karte nicht zurückgelegt wird. Wie groß ist die Wahrscheinlichkeit des Ereignisses E_5 = „mindestens ein Unter wird gezogen"? Wir betrachten die Ereignisse U_1, $\overline{U}_1$, U_2 und $\overline{U}_2$ (deren Bedeutung sicher jedem klar ist) und erhalten den in Abb. 69 dargestellten Baum.

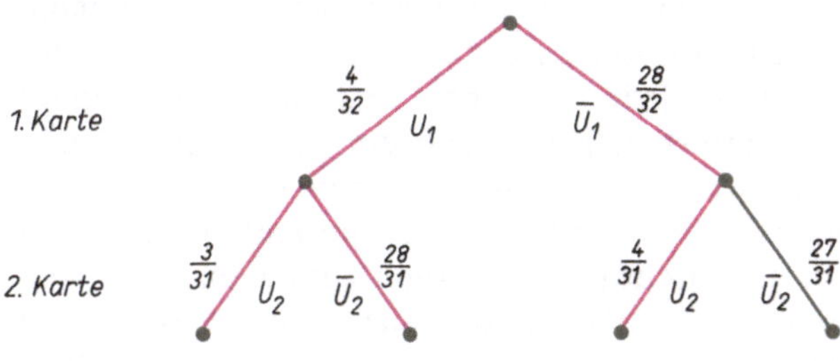

Abb. 69

Die Berechnung der Wahrscheinlichkeiten für die Äste der ersten Stufe ist recht einfach: Für die 1. Karte gibt es nämlich $m_1 = 32$ Möglichkeiten (Karten), von denen $g_1 = 4$ Unter bzw. $\bar{g}_1 = 28$ Nicht-Unter für die Ereignisse U_1 bzw. $\overline{U}_1$ günstig sind. Nach der Laplaceschen Formel erhalten wir also $P(U_1) = \dfrac{4}{32}$ und $P(\overline{U}_1) = \dfrac{28}{32}$. Nun zur zweiten Stufe. Da die zuerst gezogene Karte nicht zurückgelegt wird, gibt es für die 2. Karte nur noch $m_2 = 31$ Möglichkeiten. Und wie viele davon sind für das Ereignis U_2 günstig? Das hängt offenbar davon ab, ob die 1. Karte ein Unter war (linker Ast der 1. Stufe) oder nicht (rechter Ast der 1. Stufe). Im ersten Fall gibt es noch $g_2 = 3$ Unter, deshalb hat das Ereignis U_2 unter der genannten Bedingung die Wahrscheinlichkeit $\dfrac{3}{31}$. Die Mathematiker schreiben dafür

$$P(U_2/U_1) = \frac{3}{31}$$ und nennen diese Größe eine *bedingte Wahrscheinlichkeit*. Die Berechnung der übrigen bedingten Wahrscheinlichkeiten auf der 2. Stufe dürfte nun keine Schwierigkeiten mehr bereiten. Damit erhalten wir nach der „Baumregel"

$$P(E_5) = \frac{4}{32} \cdot \frac{3}{31} + \frac{4}{32} \cdot \frac{28}{31} + \frac{28}{32} \cdot \frac{4}{31}$$

$$= \frac{12 + 112 + 112}{32 \cdot 31} = \frac{236}{992} \approx 0{,}24.$$

Das ist übrigens auch die Wahrscheinlichkeit dafür, daß beim Skatspiel der Kartengeber mindestens einen Unter in den Skat legt. (Warum?)

Natürlich kann ein solcher Baum auch mehr als zwei Stufen haben. Dabei kann man all jene Verästelungen, die nicht zu dem interessierenden Ereignis führen, von vornherein weglassen. Als Beispiel wollen wir noch einmal Uwes „Pechzahl" berechnen. Mit S_k und $\overline{S}_k$ bezeichnen wir die Ereignisse, daß im k-ten Wurf eine „Sechs" bzw. keine „Sechs" fällt; dann gilt $P(S_k) = \dfrac{1}{6}$ und $P(\overline{S}_k) = \dfrac{5}{6}$.

Bei dem „verschnittenen" Baum (Abb. 70) müssen die nach unten führenden Äste nicht verfolgt werden, denn wenn in einem Wurf eine „Sechs" fällt, dann kann das Ereignis $E_1 = $ „in 9 Würfen erscheint keine Sechs" eben nicht mehr eintreten. Nach der Baumregel erhalten wir nun wieder

$$P(E_1) = \left(\frac{5}{6}\right)^9 = \frac{5^9}{6^9} \approx 0,193\,8.$$

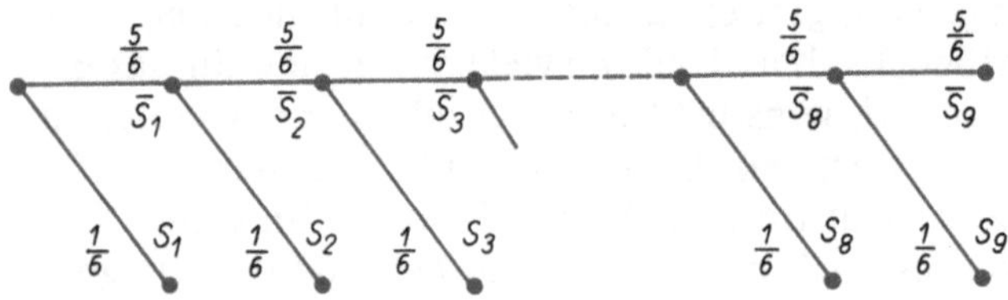

Abb. 70

Bemerkung: Die Summe der Wahrscheinlichkeiten aller Äste, die einer Knospe entspringen, ist stets 1. (Nachprüfen!)

Zufälle gibt es ...

Die Begründer der Wahrscheinlichkeitsrechnung erhielten ihre ersten Anregungen vor mehr als 300 Jahren aus der Welt der Glücksspiele. Hier kann man nämlich sehr gut die dem Zufall innewohnenden Gesetzmäßigkeiten studieren.[1] Deshalb beginnen auch die meisten populärwissenschaftlichen Bücher und sogar viele Lehrbücher der Wahrscheinlichkeitsrechnung ihre Betrachtungen mit der Behandlung von Glücksspielen wie Würfel-, Karten-, Lotto-Spielen usw. Doch damit sind die Anwendungsmöglichkeiten der Wahrscheinlichkeitsrechnung keineswegs erschöpft. Im Gegenteil! Fast überall, wo zufällige Prozesse ablaufen, lassen

sich ihre Methoden mit großem Erfolg anwenden. Und wo hat der Zufall schon nicht seine Hand im Spiel. Die Lebensdauer einer Glühlampe oder eines radioaktiven Atoms, die Anzahl der an einer Kaufhallenkasse wartenden Kunden, die jährlichen Ausgaben der Versicherung – all das sind zufällige Größen, die sich durch die Wahrscheinlichkeitsrechnung erfassen und beschreiben lassen. Erst dadurch werden sinnvolle Entscheidungen möglich (z. B. über die zweckmäßige Anzahl von Ersatzglühlampen oder von Kaufhallenkassen, über die sachgemäße Höhe von Versicherungsbeiträgen usw.). Ja, es gibt sogar Probleme, die mit wahrscheinlichkeitstheoretischen Methoden gelöst werden können, obwohl bei ihnen der Zufall keine Rolle spielt. So läßt sich z. B. der Flächeninhalt komplizierter Flächen mit der „Monte-Carlo-Methode" näherungsweise bestimmen – ein Verfahren, dessen Name uns an die Anfänge der Wahrscheinlichkeitsrechnung erinnert, nämlich an Glücksspiele. Wer mehr über die vielfältigen Anwendungsmöglichkeiten der Wahrscheinlichkeitsrechnung erfahren möchte, der wird mit Gewinn das Büchlein [23] lesen.

Auf jede Frage eine Antwort

Dirk hat zu seinem 15. Geburtstag vier Freunde eingeladen. Er stellt ihnen folgende Aufgabe: „Ich denke an eine Begebenheit aus meinem bisherigen Leben. Ihr sollt erraten, wie alt ich damals war. Dazu darf aber jeder nur eine Frage stellen, die mit ja oder nein beantwortet werden kann." Die Freunde überlegen: Dirk kann an jede Begebenheit von seiner Geburt bis zur heutigen Feier denken, wir müssen also eine der 16 Zahlen von 0 bis 15 erraten. Fragt jeder von uns direkt nach irgendeinem Alter (natürlich jeder nach einem anderen), dann erraten wir das gesuchte Alter nur mit einer Wahrscheinlichkeit von 0,25. (Nachprüfen!) Dieser Weg führt also nicht mit Sicherheit zum Ziel. Nach weiterem Nachdenken finden die Freunde aber doch noch vier passende Fragen. Hier sind sie und dazu Dirks Antworten:

---

[1] Vom Standpunkt der Verfasser aus muß man die hierbei auftretende philosophische Frage nach dem *objektiven* Charakter zufälliger Erscheinungen mit „ja" beantworten.

1. Warst Du älter als 7 Jahre? Nein.
2. Warst Du älter als 3 Jahre? Ja.
3. Warst Du älter als 5 Jahre? Ja.
4. Warst Du 6 Jahre alt? Nein.
Frage: Wie alt war Dirk?

Offenbar besteht die „Strategie" der vier Freunde darin, mit jeder Frage die Hälfte der jeweils noch verbliebenen Möglichkeiten auszuschließen. Manchmal muß man sich allerdings auch (anders als in unserem Beispiel) damit begnügen, weniger als die Hälfte der noch verbliebenen Möglichkeiten auszuschließen – nämlich dann, wenn deren Anzahl ungerade oder überhaupt nicht genau bekannt ist. Das ist z.B. bei dem folgenden sehr unterhaltsamen Gesellschaftsspiel der Fall: Die Anwesenden bilden zwei Parteien, von denen sich jede eine bekannte Person ausdenkt. Diese soll durch die andere Partei mit möglichst wenigen Entscheidungsfragen erraten werden. Die ersten Fragen könnten etwa folgendermaßen lauten: „Ist die Person männlich?", „Lebt sie noch?", „Wissenschaftler?", ... Übrigens: Ließe sich bei diesem Spiel die „Halbierungsmethode" exakt anwenden, dann könnte man mit nur 20 zielgerichteten Fragen eine Person aus einer Menge von über 1 Million Personen erfragen![1])

Information = beseitigte Ungewißheit

Können Dirks Freunde eigentlich auch mit weniger als vier Fragen zum Ziel gelangen? Sie sammeln ja mit ihren Fragen *Informationen* über das gesuchte Alter und beseitigen damit nach und nach die zu Beginn des Ratespieles bestehende *Ungewißheit* (= Informationsmangel). Ließen sich nun sowohl dieser Informationsmangel als auch die Informationsmenge, die man mit je einer Frage gewinnen kann, durch Zahlen messen, dann könnten wir offenbar die Mindestzahl der notwendigen Fragen be-

stimmen. Auf der Suche nach solch einem Maß für Informationen gelangte der Mathematiker C. E. SHANNON (geb. 1916) zu folgender Erkenntnis: *Tritt bei einem Versuch genau eines der Ereignisse $E_1, ..., E_n$ ein, dann kann die Zahl*

$$I(E_1, ..., E_n) = - \sum_{k=1}^{n} P(E_k) \cdot \mathrm{ld}\, P(E_k)$$

als geeignetes Maß für den Informationsgehalt des Ereignissystems $E_1, ..., E_n$ verwendet werden; dieser wird mit der Einheit bit[1]) gemessen. Hierbei ist $P(E_k)$ die Wahrscheinlichkeit des Ereignisses E_k, und ld x bezeichnet den Logarithmus der Zahl x zur Basis 2, den man aus dem Zehnerlogarithmus nach der Formel $\mathrm{ld}\, x = \dfrac{\lg x}{\lg 2} \approx 3{,}32 \cdot \lg x$ erhält.

Für unsere weiteren Überlegungen benötigen wir den folgenden **Satz:** *Für ein beliebiges Ereignissystem $E_1, ..., E_n$ gilt stets $0 \leqq I(E_1, ..., E_n) \leqq \mathrm{ld}\, n$. Dabei wird der maximale Informationsgehalt* ld n *genau dann erreicht, wenn alle n Ereignisse die gleiche Wahrscheinlichkeit haben, wenn also $P(E_k) = \dfrac{1}{n}$ für alle* $k = 1, ..., n$ *gilt.*

Bei unserem Ratespiel haben wir es nun mit zwei Ereignissystemen zu tun. Das erste besteht aus den 16 Ereignissen $E_1, ..., E_{16}$, wobei $E_k =$ „Dirk denkt an ein Erlebnis, bei dem er $k - 1$ Jahre alt war" bedeutet. Da für jedes dieser Ereignisse von $m = 16$ gleichberechtigten Zahlen $g = 1$ Zahl günstig ist, erhält man aus der Laplaceschen Formel $P(E_k) = \dfrac{1}{16}$ für alle $k = 1, ..., 16$. Deshalb gilt nach obigem Satz $I(E_1, ..., E_{16}) = \mathrm{ld}\, 16 = 4$. Diese Informationsmenge von 4 bit müssen also Dirks Freunde mit ihren Fragen zusammentragen. Die möglichen Antworten „ja" bzw. „nein" auf diese Fragen bilden nun das zweite Ereignissystem J, N. Da die Wahrscheinlichkeiten dieser Ereignisse natürlich von der Fragestel-

[1]) Das geht annähernd, wenn man die Stellung des Namens in einem Lexikon erfragt: „Müßte der Name im Lexikon vor ... (dem mittleren Wort) kommen?" usw. – ein langweiliges Frageschema.

[1]) Abkürzung des englischen Ausdrucks „**binary digit**".

lung abhängen, kann man den Informationsgehalt des Ereignissystems J, N für eine beliebige Fragestellung nicht berechnen. Nach unserem Satz gilt aber stets die Ungleichung $I(J, N) \leqq \mathrm{ld}\, 2 = 1$. Mit einer Ja-Nein-Frage kann man also höchstens 1 bit Information gewinnen. Da insgesamt 4 bit erreicht werden müssen, brauchen die Freunde mindestens vier Fragen, wenn sie das gesuchte Alter mit Sicherheit erraten wollen. Damit haben wir das zu Beginn des Abschnittes gestellte Problem auch schon gelöst.

Bemerkung: Die Rechnung liefert nur ein Resultat über die Mindestzahl der notwendigen Fragen. Ob man mit vier Fragen tatsächlich auskommt und wie man diese Fragen stellen muß, wird damit nicht beantwortet. Allerdings enthält unsere Herleitung auch dazu einen Hinweis: Man muß mit jeder Frage die maximale Information von 1 bit erreichen, was nach obigem Satz nur dann möglich ist, wenn $P(J) = P(N) = \dfrac{1}{2}$ ist. Dies wird offenbar durch die im vorigen Abschnitt beschriebene „Halbierungsmethode" erreicht. (Sollte eine genaue Halbierung einmal nicht möglich sein, dann muß man versuchen zu erreichen, daß $P(J)$ und $P(N)$ möglichst nahe bei $\dfrac{1}{2}$ liegen, was durch eine „Fast-Halbierung" gelingt.)

Gewogen und für falsch befunden

Im weiteren Verlauf der Geburtstagsfeier legt Dirk seinen Freunden 21 Kugeln vor, die sich äußerlich völlig gleichen. Allerdings ist eine dieser Kugeln schwerer als die übrigen 20, und diese soll mit möglichst wenigen Vergleichswägungen auf einer Balkenwaage herausgefunden werden. Auch hier hilft uns die *Informationstheorie*, die Mindestzahl der notwendigen Wägungen zu bestimmen. Dazu betrachten wir zunächst das Ereignissystem E_1, ...,

E_{21}, wobei wir uns die Kugeln durchnumeriert denken und $E_k = $ „die k-te Kugel ist schwerer" bedeutet. Hier gilt $P(E_k) = \dfrac{1}{21}$ und deshalb $I(E_1, \ldots, E_{21})$ $= \mathrm{ld}\, 21 \approx 4{,}39$ bit. (Nachrechnen!) Diese Informationsmenge ist nun mit möglichst wenigen Wägungen zu erzielen. Die drei möglichen Wägungsergebnisse $L = $ „linke Seite schwerer", $R = $ „rechte Seite schwerer" bzw. $G = $ „Gleichgewicht" bilden das zweite Ereignissystem, für das wir nach dem Satz aus dem vorigen Abschnitt $I(L, R, G) \leqq \mathrm{ld}\, 3$ $\approx 1{,}58$ bit erhalten. Folglich können zwei Wägungen, die höchstens 3,16 bit liefern, nicht ausreichen, während man mit drei Wägungen zum Ziel gelangen kann.

▲ Knobelaufgabe 23: Wie muß man die drei Wägungen durchführen?

Und wenn nun nicht bekannt ist, ob die „falsche" Kugel schwerer oder leichter ist? Dann haben wir es mit einem der 42 Ereignisse $E_k^+ = $ „die k-te Kugel ist falsch und schwerer" bzw. $E_k^- = $ „die k-te Kugel ist falsch und leichter" zu tun. Der Informationsgehalt des Ereignissystems $E_1^+, \ldots, E_{21}^+, E_1^-, \ldots, E_{21}^-$ beträgt dann etwa 5,39 bit, und da mit einer Wägung nach wie vor höchstens 1,58 bit erreicht werden können, muß man jetzt mindestens vier Wägungen ausführen. Ein Ratschlag für alle, die die Strategie selbst herausfinden möchten: Man kann im Verlauf der Wägungen Kugeln, die man schon als „gut" erkannt hat, als Vergleichskugeln benutzen. (Man beachte, daß die falsche Kugel herausgefunden werden soll und auch, ob sie schwerer oder leichter als die anderen ist.) Hinweise zur Behandlung dieses und ähnlicher Wägungsprobleme sind in den Büchern [21], [30] und [35] zu finden; in [21] sind insbesondere weitere interessante Zusammenhänge mit der Informationstheorie erläutert.

Vom Traum eines Skatspielers

Ernst, Martin und Fritz sind in ihrer Freizeit begeisterte Skatspieler. Eines Tages wirft Fritz folgendes Problem auf: „Ich habe einmal überschlagen, daß wir seit Bestehen unserer Skatrunde schon etwa 9 000 Spiele durchgeführt haben. Ist es da nicht verwunderlich, daß noch keiner von uns einen Grand ouvert gespielt hat?"

Hinweis: Bei diesem Spitzenspiel muß der Alleinspieler, ohne den Skat aufzunehmen, vor Spielbeginn seine 10 Karten aufdecken, und er darf keinen einzigen·Stich an die Gegenspieler abgeben. Er erhält dàfür mindestens 252 Gewinnpunkte, weit mehr als für alle anderen möglichen Spiele. Deshalb und wegen seiner Seltenheit ist es der Traum eines jeden Skatspielers, einen Grand ouvert zu erhalten (Abb. 71).

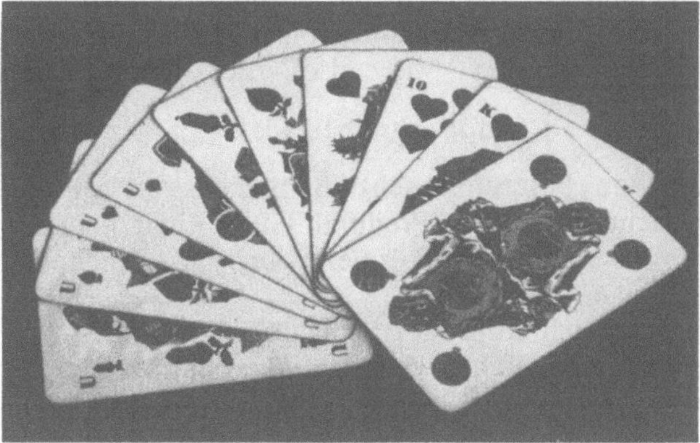

Abb. 71

Die drei Skatfreunde überlegen. Ernst ist der Meinung, daß man ausrechnen kann, wie oft etwa ein Grand ouvert vorkommen müßte. Er erklärt sich bereit, am Abend in Ruhe darüber nachzudenken. Martin hat eine andere Idee: „Warum erkundigen wir uns nicht bei einem Skatverein, wie viele der dort registrierten Spiele Grand ouverts waren?" Die drei beschließen, beiden Möglichkeiten nachzugehen. Nach einigen Tagen liegen die Ergebnisse vor und stiften Verwirrung. Ernsts Rechnung hat ergeben, daß „im Mittel" etwa jedes 20 000ste Spiel ein Grand ouvert sein müßte. Martin erhielt dagegen eine optimistischere Auskunft: Von allen beim Skatverein registrierten Spielen war etwa jedes 6 000ste Spiel ein Grand ouvert. Wo liegen die Ursachen für diese unterschiedlichen Resultate? Nun, Ernst und Martin haben sich – wie wir gleich sehen

werden – mit in zweifacher Hinsicht verschiedenen Aufgaben beschäftigt.

1. Ernst interessierte sich nur für die absolut sicheren Grand ouverts (Ereignis A), da im Falle eines unsicheren Grand ouverts die mathematisch nicht erfaßbare Risikobereitschaft des Alleinspielers zu berücksichtigen wäre.

Martin dagegen forschte nach den gespielten Grand ouverts (Ereignis B), deren Anzahl sich aus unverlierbaren und verlierbaren Spielen zusammensetzt.

2. Ernst berechnete die Wahrscheinlichkeit des Ereignisses A. Dazu beschäftigte er sich mit folgenden Fragen:

a) Wieviel Kartenverteilungen sind beim Skat möglich?

b) Wieviel sind davon für einen absolut sicheren Grand ouvert (der bei jeder Kartenkonstellation gewonnen wird) günstig? (Ausführliche Betrachtungen dazu sind in dem Buch [30] zu finden.) Um nun zur Berechnung von $P(A)$ die Laplacesche Formel anwenden zu können, mußte Ernst noch voraussetzen, daß bei jedem Spiel alle möglichen Kartenverteilungen gleichberechtigt sind, das bedeutet, daß die Karten immer „ideal gemischt" sind. So erhielt er $P(A) = \dfrac{1}{19\,579} \approx \dfrac{1}{20\,000}$.

Martin hingegen verglich lediglich die Anzahl 88 988 der registrierten Spiele mit der Anzahl 14 der gespielten Grand ouverts (diese Zahlenangaben sind ebenfalls [30] entnommen). Damit berechnete er die relative Häufigkeit des Ereignisses B zu $\dfrac{14}{88\,988} \approx \dfrac{1}{6\,000}$. Diese Zahl kann man als eine Näherung für die unbekannte Wahrscheinlichkeit $P(B)$ betrachten.

Da Ernsts Rechnung einmal von idealen Voraussetzungen ausgeht und zum anderen nur die absolut sicheren Grand ouverts berücksichtigt, wird die von Martin ermittelte Zahl im Hinblick auf die in der Spielpraxis auftretende Häufigkeit von Grand ouverts realistischer sein.

Ist es nun nicht tatsächlich verwunderlich, daß unsere drei Freunde bei weit mehr als 6 000 Spielen noch keinen Grand ouvert gespielt haben? Um diese Frage zu beantworten, betrachten wir zunächst ein einfacheres Beispiel: Beim Werfen eines Spielwürfels erwarten wir, daß „im Mittel" jeder sechste Wurf eine „Sechs" ergibt. Aber nicht jede Wurfserie erfüllt diese Erwartung! Es ist gar nicht so selten, daß man bis zur ersten „Sechs" neunmal oder noch öfter würfeln muß (darin bestand ja gerade Uwes Pech zu Beginn dieses Kapitels). Genauso verhält es sich beim Skatspiel. Hier erwarten wir, daß „im Mittel" jedes 6 000ste Spiel ein Grand ouvert ist. Jedoch sind Serien von 9 000 oder mehr Spielen ohne einen Grand ouvert keine Seltenheit und deshalb auch kein Grund zum Wundern!

Vom Mischen

Wie alle Skatspieler haben auch Ernst, Martin und Fritz ihre eigenen Mischmethoden. Bevor wir sie im einzelnen analysieren, wenden wir uns einer einfacheren Aufgabe zu: dem Mischen von nur 3 Karten. Wir numerieren den Kartenstapel von unten nach oben und schreiben die Position jeder Karte nach dem Mischen unter ihre Position vor dem Mischen.

So beschreibt z. B. $\begin{pmatrix} 1 & 2 & 3 \\ 3 & 2 & 1 \end{pmatrix}$ die folgende Mischoperation: Die untere Karte gelangt nach oben $\begin{pmatrix} 1 \\ 3 \end{pmatrix}$

und die obere nach unten $\begin{pmatrix} 3 \\ 1 \end{pmatrix}$, während die mittlere Karte ihre Position beibehält $\begin{pmatrix} 2 \\ 2 \end{pmatrix}$. Eine solche Umordnung der Elemente einer (endlichen) Menge nennt man eine *Permutation*. Die Anzahl der möglichen Permutationen von 3 Elementen beträgt $3! = 1 \cdot 2 \cdot 3 = 6$ (siehe Kap. 1), d. h., es gibt 6 verschiedene Ergebnisse beim Mischen von 3 Karten:

$$\pi_1 = \begin{pmatrix} 1 & 2 & 3 \\ 1 & 2 & 3 \end{pmatrix}, \quad \pi_2 = \begin{pmatrix} 1 & 2 & 3 \\ 1 & 3 & 2 \end{pmatrix}, \quad \pi_3 = \begin{pmatrix} 1 & 2 & 3 \\ 2 & 1 & 3 \end{pmatrix},$$

$$\pi_4 = \begin{pmatrix} 1 & 2 & 3 \\ 2 & 3 & 1 \end{pmatrix}, \quad \pi_5 = \begin{pmatrix} 1 & 2 & 3 \\ 3 & 1 & 2 \end{pmatrix}, \quad \pi_6 = \begin{pmatrix} 1 & 2 & 3 \\ 3 & 2 & 1 \end{pmatrix}.$$

Mehrmaliges Mischen kann natürlich als Hintereinanderausführung der entsprechenden Permutationen aufgefaßt werden. Wird z. B. zuerst π_3 und dann π_5 durchgeführt, so geschieht folgendes: Die untere Karte (1) gelangt erst in die mittlere und von dort wieder in die untere Position (1), die mittlere Karte (2) gelangt erst nach unten und dann nach oben (3), die obere Karte (3) verändert zunächst ihre Position nicht und geht dann in die mittlere (2) über. Als Resultat dieser aufeinanderfolgenden Mischbewegungen erhalten wir also die Permutation $\pi_2 = \begin{pmatrix} 1 & 2 & 3 \\ 1 & 3 & 2 \end{pmatrix}$, dafür schreiben wir $\pi_3 \cdot \pi_5 = \pi_2$ (Produkt von Permutationen). Bemerkenswert ist die Tatsache, daß diese Produktbildung nicht *kommutativ* ist. So gilt zum Beispiel $\pi_5 \cdot \pi_3 = \pi_6$. (Nachprüfen!)

Kommen wir nun zum Skatspiel zurück. Die Anzahl aller möglichen Permutationen beträgt hier

$32! = 263\,130\,836\,933\,693\,530\,167\,218\,012\,160\,000\,000$, und wir wollen ein Mischverfahren dann als gut bezeichnen, wenn jede dieser Permutationen gleich möglich ist.

Fritz wird von seinen Kollegen als bester Mischer angesehen, denn er beherrscht das „Riffelmischen" – ein elegantes und von vielen Zauberkünstlern verwendetes Verfahren. Dabei wird der Kartenstoß in zwei etwa gleich große Teile geteilt, die „ineinandergeschoben" oder „ineinandergeriffelt" werden (Abb. 72).

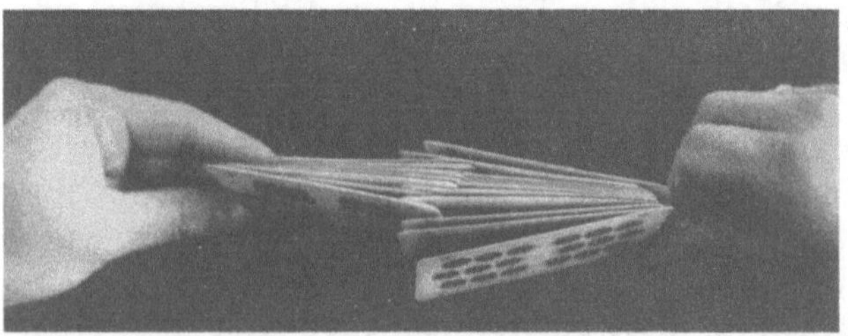

Abb. 72

Martin und Ernst dagegen benutzen das übliche „Überhandmischen". Hierbei hält die rechte Hand das Spiel, und der linke Daumen streift von der Oberseite eine oder mehrere Karten ab, bis sich der gesamte Stapel in der linken Hand befindet.

Bei beiden Methoden spielt in der Regel der Zufall eine große Rolle. Uns interessiert nun zunächst die Frage: Kann dieser Zufall durch besonderes Geschick des Mischenden ausgeschlossen werden, und was wäre die Konsequenz?

Beim Riffelmischen ist das sicherlich möglich. Man muß z.B. nur den Kartenstapel exakt halbieren und danach die Karten einzeln ineinanderriffeln (Abb. 73).

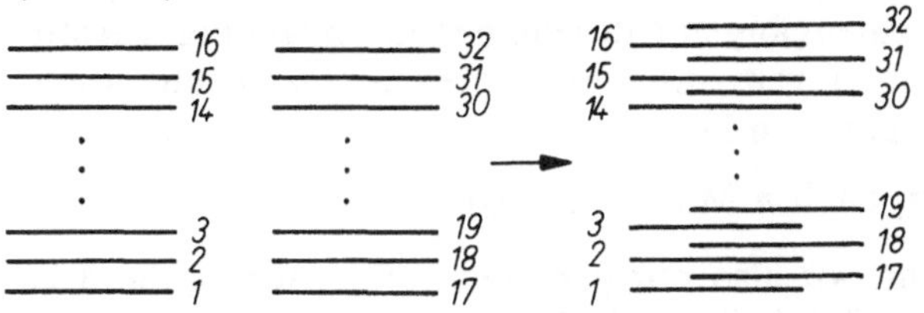

Abb. 73

Dieser festen Mischvorschrift entspricht die Permutation

$$\pi = \begin{pmatrix} 1\ 2\ 3\ 4\ 5 & 6 & 7 & 8 & 9\ 10\ 11\ 12\ 13\ 14\ 15\ 16 \\ 1\ 3\ 5\ 7\ 9\ 11\ 13\ 15\ 17\ 19\ 21\ 23\ 25\ 27\ 29\ 31 \end{pmatrix} \cdots$$

$$\begin{pmatrix} 17\ 18\ 19\ 20\ 21\ 22\ 23\ 24\ 25\ 26\ 27\ 28\ 29\ 30\ 31\ 32 \\ 2\quad 4\quad 6\quad 8\ 10\ 12\ 14\ 16\ 18\ 20\ 22\ 24\ 26\ 28\ 30\ 32 \end{pmatrix} .$$

Betrachten wir π genauer, so erkennen wir:
a) Die Zahlen 1 und 32 gehen in sich über, d. h., die untere und die obere Karte des Stapels behalten ihre Position bei.
b) Die übrigen Zahlen lassen sich in *Zyklen* zu je 5 Zahlen einteilen, die ineinander übergehen. So finden wir z. B. die *zyklischen Übergänge*

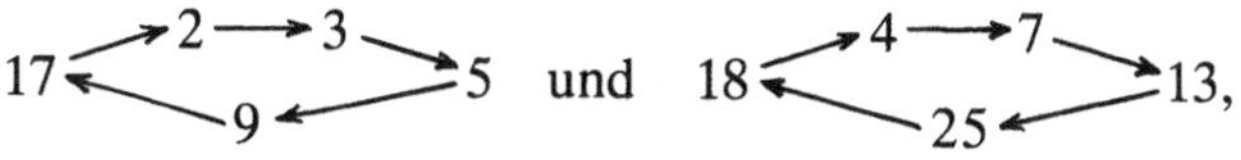

17 ⇄ 2 → 3 → 5 ⇄ 9   und   18 ⇄ 4 → 7 → 13 ⇄ 25,

die wir kurz durch (2 3 5 9 17) bzw. (4 7 13 25 18) bezeichnen. Damit können wir π in folgender Form schreiben:

$\pi = $ (1) (2 3 5 9 17) (4 7 13 25 18) (6 11 21 10 19) …
… (8 15 29 26 20) (12 23 14 27 22) …
… (16 31 30 28 24) (32).

Welche Permutationen beschreiben nun aber zweimaliges, dreimaliges, …, n-maliges Riffeln? Nach unseren obigen Überlegungen sind es die Produkte $\pi \cdot \pi = \pi^2, \pi^3, \ldots, \pi^n$. Alle diese Potenzen lassen sich leicht bestimmen, indem wir in jedem Zyklus $1, 2, \ldots, n-1$ Zahlen „überspringen". So gilt z.B.

$\pi^2 = $ (1) (2 5 17 3 9) (4 13 18 7 25) (6 21 19 11 10) …
… (8 29 20 15 26) (12 14 22 23 27) …
… (16 30 24 31 28) (32).

(Nachprüfen!) Berechnen wir noch π^3, π^4, π^5, so erwartet uns eine Überraschung: π^5 ist die identische Permutation, die jedes Element in sich selbst überführt. Fünfmaliges *exaktes* Riffeln führt demnach zur Ausgangssituation zurück!
Konsequenz: Wie oft man auch riffelt, es lassen sich höchstens 5 verschiedene Anordnungen der Karten erzielen. Entgegen allem Anschein ist dieses exakte Riffeln, das so elegant wirkt, ein äußerst schlechtes Verfahren zum Mischen von Karten.

▲ Knobelaufgabe 24: Wie oft muß ein Spiel mit 10 (14; 2^n) Karten exakt geriffelt werden, um zur Ausgangssituation zu gelangen?
Kommen wir nun zum Überhandmischen. Auch hier gibt es Experten, die nach festen Vorschriften mischen können und damit den Zufall ausschließen. Nehmen wir zunächst an, daß stets genau 2 Karten in die linke Hand abgestreift werden (Abb. 74).

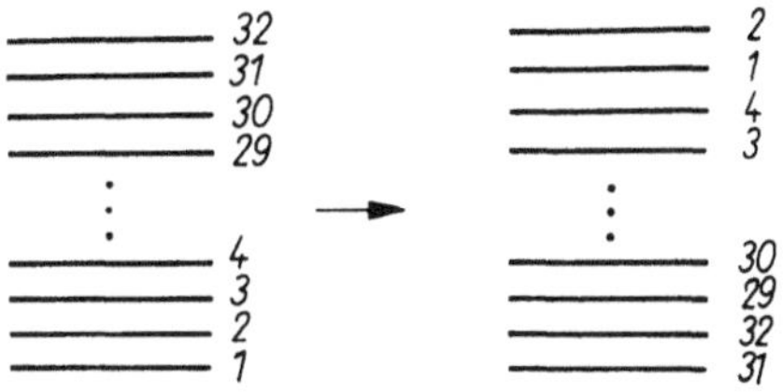

Abb. 74

Wir erkennen sofort: Zweimaliges Ausführen dieser Operation führt zur Ausgangssituation zurück. Dasselbe ist der Fall, wenn man jedesmal 4 (8; 16) Karten abstreift.

Wir setzen jetzt voraus, daß nacheinander 2, 4, 1, 3, 3, 2, 1, 3, 4, 3, 1, 2, 3 Karten von der rechten in die linke Hand überwechseln. Dann lautet die Mischpermutation

$$\pi = (1\ 30\ 6\ 27\ 3\ 32\ 2\ 31)\ (4\ 28)\ (5\ 29)\ (7\ 24\ 9\ 26) \dots$$
$$\dots (8\ 25\ 10\ 20\ 11\ 21\ 12\ 22\ 13\ 23) \dots$$
$$\dots (14\ 17\ 16\ 19\ 15\ 18)$$

(nachprüfen!). Wird dieselbe Vorschrift mehrfach wiederholt, so lassen sich dadurch höchstens 120 verschiedene Reihenfolgen realisieren. (Diese Zahl ist das *kleinste gemeinsame Vielfache* der Zyklenlängen 2, 4, 6, 8 und 10.)

Allgemein läßt sich mit Hilfe der *Gruppentheorie* zeigen: Durch eine beliebige, aber feste Mischvorschrift entsteht in keinem Fall ein gut gemischtes Kartenspiel. Die Anzahl der erreichbaren Anordnungen ist vielmehr verschwindend gering gegenüber der Anzahl 32! aller möglichen Anordnungen. Somit erweist sich auch das nach einer festen Vorschrift ablaufende Überhandmischen als ein schlechtes Mischverfahren.

Weder beim Riffeln noch beim Überhandmischen liefern also feste Vorschriften ein gut gemischtes Spiel. Betrachten wir nun noch den Fall, daß die Mischbewegungen vom Zufall abhängen. Um diesen zufälligen Einfluß mathematisch erfassen zu können, treffen wir die folgende Voraussetzung: Bei jedem einzelnen Mischvorgang wird jede der 32! möglichen Permutationen π_k ($k = 1, 2, \dots, 32!$) mit derselben (allerdings von k abhängigen) Wahrscheinlichkeit p_k realisiert. Dann kann man mit Hilfe der *Theorie der Markovschen Ketten* (siehe z. B. [10]) zeigen: Nach einer sehr großen Anzahl n von Mischvorgängen tritt jede der 32! möglichen Permutationen mit annähernd gleicher Wahrscheinlichkeit auf, d. h., es gilt

$$P\,(\pi_k \text{ nach } n \text{ Mischvorgängen}) \approx \frac{1}{32!}.$$

Wenn wir also nur genügend oft mischen, dann ist unser Spiel (fast) ideal gemischt!

Weil sowohl das Riffelmischen von Fritz als auch das Überhandmischen von Martin und Ernst dem Zufall unterworfen ist, mischen alle drei gut, wenn sie sehr viele Mischvorgänge durchführen. Begnügen sie sich allerdings mit der in der Praxis üblichen Anzahl von 4 bis 6 Mischvorgängen, so sind sie durchweg schlechte Mischer!

Lösungshinweise

1. Wir denken uns die Frauen Leipzigs in Klassen eingeteilt, und zwar nach der Haaranzahl. Da es in Leipzig mehr als 120 000 Frauen gibt, ist die Existenz von Frauen mit gleicher Haaranzahl nach dem Schubfachprinzip bewiesen.

2. Angenommen, es wurde eine „6" gewürfelt. Die insgesamt $2a$ Schritte kann man dann wie folgt einteilen: 18 Schritte (der erste auf Feld 93) bis zum Erreichen des Blumenkopfes (Feld 82), $a-18$ Schritte entgegen dem Uhrzeigersinn, $a-18$ Schritte im Uhrzeigersinn (man ist dann beinahe wieder bei Feld 82, nämlich bei Feld 16), 18 weitere Schritte in Uhrzeigerrichtung (Feld 89). Beim Würfeln einer „6" wird also unabhängig von a stets Feld 89 erreicht.

Entsprechend kommt man bei jeder Augenzahl zu einem ganz bestimmten Feld. Die sechs Seitenzahlen sind unter den acht „roten" von Abb. 9.

3. Wegen

$$1 + \frac{1}{2} \qquad\qquad > \frac{1}{2},$$

$$\frac{1}{3} + \frac{1}{4} \qquad\qquad > \frac{1}{4} + \frac{1}{4} = \frac{2}{4} = \frac{1}{2},$$

$$\frac{1}{5} + \frac{1}{6} + \frac{1}{7} + \frac{1}{8} > \frac{1}{8} + \frac{1}{8} + \frac{1}{8} + \frac{1}{8} = \frac{4}{8} = \frac{1}{2}$$

usw., können wir immer wieder aufeinanderfolgende Summanden zusammenfassen, deren Summe größer als $\frac{1}{2}$ ist.

4. Bei sehr genauem Zeichnen und Schneiden stellen wir fest, daß die „Diagonale" des Rechtecks gar keine Gerade ist (der Strahlensatz bestätigt dies), daß sich die beiden Hälften des Rechtecks geringfügig überlappen. Im zweiten Fall bleibt zwischen den Hälften eine Lücke. Beides beruht auf der Beziehung

$$F_{n+1} \cdot F_{n-1} = F_n^2 + (-1)^n, \quad n = 2, 3, \ldots,$$

die Sie mittels vollständiger Induktion bestätigen können.

5. Die Knoten werden fast wie in der Aufgabe „Wolf, Ziege, Kohlkopf" gewählt. Sie beschreiben stets die beiden Anzahlen der Katzen bzw. Hunde am Ausgangsufer. Außerdem wird unterschieden, ob sich das Boot gerade dort befindet oder nicht. Die unzulässigen Zustände werden gestrichen und die Nachbarschaftsbeziehungen eingezeichnet. Dann erhält man den Graphen von Abb. 75. (Einer der gesuchten Wege ist bereits rot markiert.)

6. Wir müssen untersuchen, ob der Graph in Abb. 22 eben ist oder nicht. Angenommen, er wäre eben und wir hätten eine entsprechende Darstellung gefunden, dann stellen wir uns die Flä-

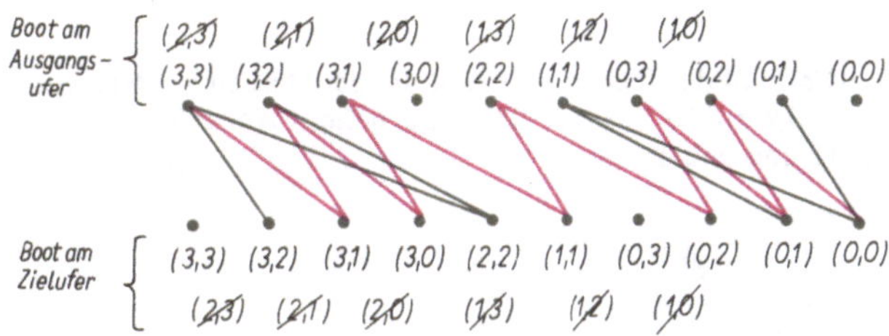

Abb. 75

chen als Länder und die Kanten als deren Grenzen vor. Wegen $e = 6$, $k = 9$ ist nach der Eulerschen Polyederformel $f = k + 2 - e = 5$. Wenn nun jedes Land an jeder seiner Grenzen genau einen Posten aufstellt, ist deren Gesamtzahl $p = 2k = 18$. Andererseits hat jedes Land mindestens 4 Grenzen (da zwischen den Häusern bzw. Werken keine Leitungen verlaufen). Also ist $p \geqq 4f = 20$. Aus diesem Widerspruch folgt, daß der Graph nicht eben sein kann.

7. An jeder Ecke stellen wir die Anzahl aller Grenzen fest, die von ihr ausgehen. Dann bilden wir die Summe dieser Anzahlen. Nun machen wir noch einmal dasselbe, wobei wir aber nur Grenzen berücksichtigen, die je zwei Ecken miteinander verbinden – jede solche Grenze wird dabei zweimal gezählt. Beide Summen sind gerade. Ihre Differenz ergibt genau die Anzahl der unbeschränkten Grenzen. Sie ist folglich ebenfalls gerade.

8. Die Primzahlzerlegung von 900 lautet:

$$900 = 2 \cdot 2 \cdot 3 \cdot 3 \cdot 5 \cdot 5.$$

Stellen Sie sich eine Tabelle zusammen, in der alle Möglichkeiten für die drei verschiedenen Faktoren von 900 auftreten. Gehen Sie nun so vor: Franziska kennt die drei Zahlen nach der ersten Frage nicht; streichen Sie also jene Varianten, die ihr eine sofortige Entscheidung ermöglicht hätten, z.B. $900 = 3 \cdot 4 \cdot 75$.

Die zweite Frage ist an Katja gerichtet. Auch sie kennt die Zahlen noch nicht; folglich streichen Sie nun alle Varianten, die Katja eine Entscheidung nach dieser Frage ermöglicht hätten, z.B. $900 = 2 \cdot 5 \cdot 90$.

So verfahren Sie noch zweimal. Nun kennt aber Franziska die drei Zahlen. Suchen Sie sich also aus dem Rest der Tabelle diejenige Zerlegung von 900 aus, mit der Franziska jetzt auf die beiden anderen Faktoren schließen kann. Sie erhalten die Lösung: $900 = 3 \cdot 10 \cdot 30$.

9. Bezeichnen wir die beiden gesuchten Zahlen mit x und y, so muß $xy + x + y = 79$ gelten. Wir erhalten dafür die in Tab. 11 angegebenen fünf Lösungsmöglichkeiten.

Tab. 11

x	0	1	3	4	7
y	79	39	19	15	9

10. Die Zahl der Pferde sei x und die der Ochsen y. Dann muß $31x + 21y = 1\,770$ gelten. Die möglichen Anzahlen sind in Tab. 12 angegeben.

Tab. 12

x	9	30	51
y	71	40	9

11. In eine Ecke gelangt die Kugel nur, wenn sie auf einer der Linien lag, die von den Ecken im Winkel von 45° zu den anliegenden Seiten ausgehen, und von dort in Richtung dieser Linie gestoßen wird. In allen anderen Fällen kehrt sie nach sechs Reflexionen wieder an den Ausgangspunkt zurück. Man kann das z. B. in Abb. 76 verfolgen, wo an Stelle einer Reflexion die Kugel ihren Weg geradlinig auf einer stets an der Auftreffseite gespiegelten Fläche fortsetzt.

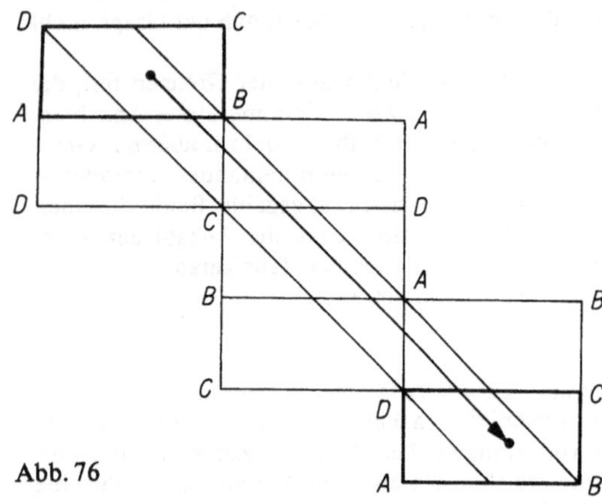

Abb. 76

12. Ein Flachwürfel hat 4 Ecken. Grund- und Deckfläche eines dreidimensionalen Würfels sind Flachwürfel, die keine gemeinsamen Ecken haben; die Ecken der Seitenflächen gehören entweder zur Grund- oder Deckfläche. Also hat ein Würfel $2 \cdot 4 = 8$ Ecken. Analog erhält man, daß ein Hyperwürfel $2 \cdot 8 = 16$ Ecken hat.

13. Steht vor einer Spiegelung auf einem Feld F eine Dame D_1 und danach eine Dame D_2, dann konnten sich D_1 und D_2 vor der Spiegelung gegenseitig schlagen. Die Ausnahme davon, daß F Diagonalfeld ist und an dieser Diagonale gespiegelt wird, kann nur für eine Dame gelten.

14. Siehe Abb. 77.

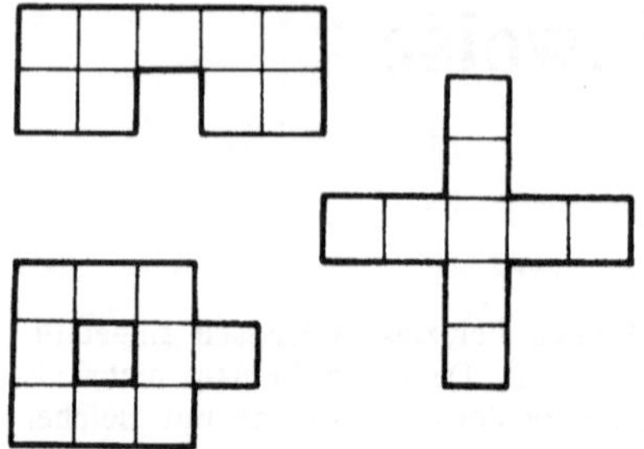

Abb. 77

15. Das regelmäßige Polygon mit n Seiten kann man sich als unregelmäßiges Polygon vorstellen, indem man eine Seite noch einmal halbiert und jede Hälfte als Seite zählt. Damit ist klar, daß das Polygon mit n Seiten den kleineren Flächeninhalt hat.

16. Rot muß mit c3 beginnen. Auf a4 oder e2 (diese Züge sind wegen der Symmetrie des Brettes gleichwertig) muß Rot b2 bzw. d4 antworten. Der Zug b3 muß mit b4 beantwortet werden und umgekehrt (analog d3 mit d4 und umgekehrt). Auf alle anderen Züge von Schwarz spielt Rot im zweiten Zug a4 (oder e2). Die beste Verteidigung von Schwarz besteht in a4 und nachfolgendem e2. Dann ist Rot zu b2 und d4 genötigt, und zum Ausfüllen der Lücken zwischen seinen Steinen sind noch vier weitere Züge erforderlich.

17. Es werden $n^2 - n + 1$ rote und $n^2 - n$ schwarze Brücken benötigt (zumindest theoretisch, im praktischen Spiel kommt man mit weniger aus).

18. $3 \cdot 2 \cdot 1$ Stellungen, davon 3 in die Grundstellung überführbar.

19. Bei Wanderung des Leerfeldes nach oben oder unten ändert sich die Anzahl „verkehrter" Paare um eine gerade Zahl. Der Unmöglichkeitssatz gilt also entsprechend für das 3×3-Feld. Er gilt sogar für alle $n \times n$-Felder.

20. Es gibt die Möglichkeiten von Abb. 78 mit drei Schranken (zwei davon sind jeweils Spiegelbilder voneinander) sowie diejenigen mit zwei bzw. einer, die daraus durch Weglassen von Schranken hervorgehen.

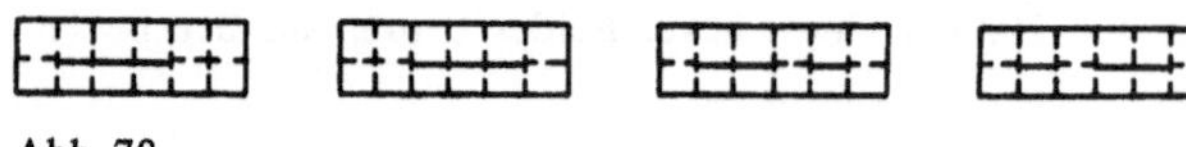

Abb. 78

21. $K = (VM)^4 = VOU^{-1}LOU^{-1}HOU^{-1}ROU^{-1}$.

22. Da sowohl Peter als auch Karin einen von 3 möglichen Wegen auswählen, gibt es insgesamt $m = 3 \cdot 3 = 9$ Möglichkeiten. Davon sind diejenigen für das Ereignis $E = $ „Begegnung" günstig, bei denen sich beide für denselben Weg entscheiden, also $g = 3$. Somit gilt $P(E) = \dfrac{g}{m} = \dfrac{3}{9} = \dfrac{1}{3}$.

23. Um mit jeder Wägung möglichst nahe an die maximale Informationsmenge von 1,58 bit heranzukommen, muß man $P(L)$, $P(R)$, $P(G) \approx \dfrac{1}{3}$ anstreben und dazu die Menge der jeweils „verdächtigen" Kugeln so gut wie möglich dritteln. Deshalb werden

bei der ersten Wägung auf jede Schale sieben Kugeln gelegt, während sieben als Rest bleiben. Nach der Wägung sind nun nur noch sieben Kugeln „verdächtig". Von diesen legt man bei der zweiten Wägung je zwei auf jede Schale, drei bleiben als Rest. Von den dann noch „verdächtigen" zwei bzw. drei Kugeln legt man bei der dritten Wägung je eine auf jede Schale, dabei bleibt evtl. eine Kugel übrig. Auf jeden Fall liefert aber die dritte Wä-

gung die falsche Kugel. Es kann sogar vorkommen, daß die falsche Kugel kein einziges Mal auf der Waage gelegen hat!

24. Es sind 6 (12, n) Mischvorgänge notwendig.

Literatur

[1] AHRENS, W.: Mathematische Unterhaltungen und Spiele. 2., verm. u. verb. Aufl., Bd. 1, 2. Leipzig, Berlin: Teubner-Verlag 1910, 1918.

[2] Autorenkollektiv: Mathematisches Mosaik (Übers. a. d. Ung.). Hrsg. d. ungar. Bd.: HÓDI, E. 2. Aufl. Leipzig, Jena, Berlin: Urania-Verlag 1980.

[3] Autorenkollektiv: Kleine Enzyklopädie Mathematik. Hrsg.: GELLERT, W., u. a. 13. Aufl. Leipzig: Bibliographisches Institut 1986.

[4] BECKER, J.: Über die Anzahl der verschiedenen Gesichter von Rubiks Cube. Praxis der Mathematik 23 (1981) 9.

[5] BERGE, C.; GHOUILA-HOURI, A.: Programme, Spiele, Transportnetze (Übers. a. d. Franz.). 2., verb. Aufl. Leipzig: Teubner-Verlag 1969.

[6] BIZÁM, G.; HERCZEG, J.: Logik macht Spaß (Übers. a. d. Ung.). Budapest: Akadémiai Kiàdó 1976.

[7] BLASCHKE, W.: Kreis und Kugel. 2., durchges. u. verb. Aufl. Berlin: W. de Gruyter 1956.

[8] DYNKIN, E. B., USPENSKI, W. A.: Mathematische Unterhaltungen (Übers. a. d. Russ.). Bd. 1.–3. 2. Aufl. Berlin: Deutscher Verlag der Wissenschaften 1982.

[9] EULER, L.: Vollständige Anleitung zur Algebra. Leipzig: Reclam 1920 (in rev. Fassung neu herausgeg. v. HOFMANN, J. E., Stuttgart: Reclam 1959).

[10] FERSCHL, F.: Markovketten. Berlin, Heidelberg, New York: Springer-Verlag 1970.

[11] GARDNER, M.: Mathematische Rätsel und Probleme (Übers. a. d. Engl.). 5. Aufl. Braunschweig, Wiesbaden: Vieweg 1980.

[12] GARDNER, M.: Mathematische Knobeleien (Übers. a. d. Engl.). 3. Aufl. Braunschweig, Wiesbaden: Vieweg 1984.

[13] GARDNER, M.: Mathematisches Labyrinth (Übers. a. d. Engl.). Braunschweig, Wiesbaden: Vieweg 1979.

[14] GARDNER, M.: Matematičeskije dosugi (Übers. a. d. Engl.). Moskau: Mir 1972.

[15] GARDNER, M.: Mathemagische Tricks (Übers. a. d. Engl.). Braunschweig, Wiesbaden: Vieweg 1981.

[16] GELFOND, A. O.: Die Auflösung von Gleichungen in ganzen Zahlen (Übers. a. d. Russ.). Berlin: Deutscher Verlag der Wissenschaften 1954.

[17] HARBORTH, H.: Polyominos. Vortrag zum 27. Internat. Kolloquium d. TH Ilmenau 1982.

[18] HINTZE, W.: Der ungarische Zauberwürfel. 3. Aufl. Berlin: Deutscher Verlag der Wissenschaften 1985.

[19] HINTZE, W.: Modernes logisches Spielzeug. Wiss. u. Fortschr. 33 (1983) 7.

[20] IGNATJEW, E. I.: Mathematische Spielereien (Übers. a. d. Russ.). Moskau; Leipzig, Jena, Berlin: Mir; Urania-Verlag 1982.

[21] JAGLOM, A. M.; JAGLOM, I. M.: Wahrscheinlichkeit und Information (Übers. a. d. Russ.). 4., bearb. u. erw. Aufl. Berlin: Deutscher Verlag der Wissenschaften 1984.

[22] KÄSTNER, H.; GÖTHNER, P.: Algebra – aller Anfang ist leicht. Leipzig: 3. Aufl. Teubner-Verlag 1987.

[23] KITAIGORODSKI, A. I.: Unwahrscheinliches, möglich oder unmöglich? (Übers. a. d. Russ.). 2. Aufl. Moskau; Leipzig: Mir; Fachbuchverlag 1977.

[24] KORDEMSKI, B. A.: Köpfchen, Köpfchen! (Übers. a. d. Russ.). 13. Aufl. Leipzig, Jena, Berlin: Urania-Verlag 1983.

[25] LEAVITT, J.; UNGAR, P.: Circle supports the largest sandpile. Comm. Pure Appl. Math. 15 (1962), 35–37.

[26] LIETZMANN, W.: Wo steckt der Fehler? 5. überarb. u. erg. Aufl. Leipzig: Teubner-Verlag 1969.

[27] MROWKA, M.; WEBER, W. J.: Der Ungarische Würfel im Unterricht. Praxis der Mathematik 23 (1981) 5.

[28] MÜLLER, K. P.; WÖLPERT, H.: Anschauliche Topologie. Stuttgart: Teubner-Verlag 1976.

[29] PERELMAN, I. J.: Unterhaltsame Aufgaben und Versuche (Übersetzung a. d. Russ.). 2. Aufl. Moskau: Mir 1977.

[30] PETIGK, J.: Mathematik in der Freizeit. 3., durchges. Aufl. Berlin: Verlag Tribüne 1980.

[31] PÓLYA, G.: Mathematik und plausibles Schließen (Übers. a. d. Engl.). Bd. 1, 2. 2. Aufl. Basel, Stuttgart: Birkhäuser 1969, 1975.

[32] SCHOLTYSSEK, M.: Hexeneinmaleins. 3. Aufl. Berlin: Kinderbuchverlag 1984.

[33] SCHOLTYSSEK, M.: ESP-Mental. Zauberkunst (1980) 3.

[34] SCHWEICKERT, W. K.: Der Señor und die Punkte. Leipzig: Friedrich Hofmeister 1962.

[35] STEINHAUS, H.: Kaleidoskop der Mathematik (Übers. a. d. Poln.). Berlin: Deutscher Verlag der Wissenschaften 1959.

[36] STEINHAUS, H.: 100 Aufgaben (Übers. a. d. Poln.). Leipzig, Jena, Berlin: Urania-Verlag 1968.

[37] WOROBJOW, N. N.: Die Fibonaccischen Zahlen (Übers. a. d. Russ.). 3. Aufl. Berlin: Deutscher Verlag der Wissenschaften 1977.

[38] WOROBJOW, N. N.: Grundfragen der Spieltheorie und ihre praktische Bedeutung (Übers. a. d. Russ.). 3., ber. Aufl. Berlin: Deutscher Verlag der Wissenschaften 1969.

[39] ZICH, O.; KOLMAN, A.: Unterhaltsame Logik (Übers. a. d. Tschech.). 3. Aufl. Leipzig: Teubner-Verlag 1975.

Sachverzeichnis

A

Achilles und die Schildkröte 18
Algorithmus von Tremaux 27
Alter erraten 14, 80
Archimedisches Prinzip 11
Ariadnefaden 26
Assoziativgesetz 70

B

Beinahe-Einschichtprozeß 74
Billard 39
bit 81
Brückenspiel 64

D

Dame (im Schachspiel) 46
Denksportaufgaben, logische 31
Didos Problem 57
Dimension 41
diophantische Gleichungen 37
Dominostein 49
Drei in einer Reihe 61
Dualzahlen 65

E

Eckwürfel 70
Eignungstest für Pärchen 15
Einbettung eines Raumes 45
Einschichtprozeß 74
Ereignis, zufälliges 77
Erscheinung, zufällige 80
Eulersche Polyederformel 28

F

Fakultät 8
Fallunterscheidung, vollständige 16, 31

Farben erraten 32
Färbungsprobleme 28
Fibonacci-Zahlen 23
Flachkugel 43
Flachmenschen 41
Flachwelt 41
–, gekrümmte 45
Folge, rekursive 23
Fragespiele 80
Fünffarbenproblem 29
Fünfzehnerspiel 67

G

gedruckte Schaltungen 30
Gewinnstrategie 61
Gleichheit zweier Mengen 52
Gleichungen, diophantische 37
Graph 25
–, ebener 27
–, zusammenhängender 25
Grenzbetrachtung 11
Grenzwert 19
Gruppe 70

H

Halbierungsmethode 81
Häufigkeit, relative 83
Helix 11
Hex-Spiel 62
Homomorphie 17
Hyperkugel 43
Hyperübergang 41, 45
Hyperwürfel 44

I

Induktion, vollständige 7, 29, 32
Information 81
Invariante 10, 53
Isomorphie 17
isoperimetrisches Problem 56

K

Kaninchenvermehrung 23
Kanten 25
–, unbeschränkte 28
Kantenweg 26
Kantenwürfel 70
Kantenzug 28
Knoten 25, 53
Kommutativgesetz 70
Kommutator 71
Komponenten 41
König (Schach) 49
konjugierter Prozeß 71
Koordinaten 39, 41
Kreis 43, 56
Kreispolygon 57
Kugel 43, 59

L

Labyrinth 26
Labyrinthalgorithmus 27
Landkarten 29
Läufer (Schach) 46

M

magische Quadrate 69
Mischen (Spielkarten) 84
Mittelwürfel 70
Möbiusband 53

N

Nachbarn 25
Nachfolger 25
Neunerfresser 20
Nim-Spiele 65
n-ominos 51
Nullsummenspiel 60

O

Ordnung 71

P

Parkettmuster 50
Pentominos 50
Permutation 8, 84
–, Hintereinanderausführung 84
Phoenixzahl 14
Polyederformel, Eulersche 28
Polyominos 50
Position 60
Positionsspiel 60
Prinzip der kleinsten Zahl 8
– – vollständigen Fallunterscheidung 16, 31
– – vollständigen Induktion 7, 29, 32
Prozesse (beim Zauberwürfel) 70
Puzzle 50

R

Rechte-Hand-Regel 26
Reihe, geometrische 18
–, harmonische 9
Riffelmischen 84
Rösselsprung 49

S

Schachbrett 46
Schubfachprinzip 8
Skelett des Zauberwürfels 70
Spielkarten ziehen 79
Springer (Schach) 49
Straßenkehrmaschine 27
Strategie 60

T

Topologie 53
Turm (Schach) 49

U

Überhandmischen 85
Umfüllprobleme 37
Ungarischer Würfel 70

V

verhextes Kästchen 23
Verkettung 54
Verschlingung 53
Vielgelenk 57
Vierfarbenproblem 30

W

Wägungsprobleme 82
Wahrscheinlichkeit 77
–, Anwendungen der 80
–, bedingte 79
–, Berechnung durch „Baum" 78
–, totale 79
Weg 26
–, kürzester 26
Wolf, Ziege, Kohlkopf 25
Würfel 44
–, Ungarischer 70
Würfeln 77

Z

Zahlenblume 13
Zahlen erraten 33
zänkische Nachbarn 27
Zauberwürfel 67
Zug (Fünfzehnerspiel) 67
Zug (Zauberwürfel) 70
Zug (Zweipersonenspiel) 60
Zyklen einer Permutation 85